Fengmi Quanqiu de Nvshen Hanzhuang

风靡全球的
女神韩妆

朴怡妮 编著

U0312856

吉林科学技术出版社

图书在版编目（ＣＩＰ）数据

风靡全球的女神韩妆 / 朴怡妮编著. -- 长春：吉林科学技术出版社，2014.7

ISBN 978-7-5384-7932-4

Ⅰ. ①风… Ⅱ. ①朴… Ⅲ. ①女性－化妆－基本知识

Ⅳ. ①TS974.1

中国版本图书馆CIP数据核字(2014)第149284号

风靡全球的女神韩妆

编　著	朴怡妮
编　委	张　旭　杨　柳　何　陆　张子璇　叶灵芳　崔　哲　杨　雨　赵　琳　安孟稼　李雅楠
	党　燕　张信萍　韩杨子　李春燕　刘　丹　王　斌　王治平　黄铁政　高　甄　刘　波
	刘辰阳　江理华　陈　晨　赵嘉怡　王超男　李　娟　杨　嘉　赵伟宁　王萃萍　何瑛琳
	张　颖　刘思琪　汪小梅　吴雅静　许　佳　姜　毅　周　雨　郑伟娟　康占菊　宋　磊
	程　峥　蔡聪颖　王　清　王　欣　王　杨　肖雅兰　张　健　高　原　尚　飞　宋　丹
	王　钊　苑思琦　李　娟　李志滨
出版人	李　梁
选题策划	美型社·天顶矩图书工作室（Z.STUDIO）张　旭
策划责任编辑	冯　越
执行责任编辑	王聪慧
封面设计	美型社·天顶矩图书工作室（Z.STUDIO）
内文设计	美型社·天顶矩图书工作室（Z.STUDIO）
开　本	780mm×1460mm　1/24
字　数	280千字
印　张	7.5
版　次	2016年1月第1版
印　次	2016年1月第1次印刷
出　版	吉林科学技术出版社
发　行	吉林科学技术出版社
地　址	长春市人民大街4646号
邮　编	130021
发行部电话/传真	0431-85651759　85635177　85651628
	85652585　85635176
储运部电话	0431-86059116
编辑部电话	0431-85659498
网　址	www.jlstp.net
印　刷	吉林省创美堂印刷有限公司
书　号	ISBN 978-7-5384-7932-4
定　价	35.00元

Preface

基础好，化韩妆不费力

　　每个女性都想通过化妆变得更美、更年轻，但是想要像专业化妆师、知名彩妆博主那样，化得又漂亮又顺手，一定要从基础开始学化妆。许多专业彩妆造型师习以为常的手法，对于没有系统学过化妆的人，还是不太了解的。所以如果基础知识不扎实，盲目追求高级的潮流妆，化了彩妆反而不如不化，甚至会导致肌肤老化等问题。

　　这本书介绍了化彩妆的基本技巧，包含了如何借助化妆修饰自己的不足，如何挑选化妆产品、彩妆工具，使化妆更得心应手。还包括如何张弛有度地化出适合自己的完美妆容，避免常见的错误手法，让化妆的方式简单起来。

　　彩妆潮流更替停不下脚步，妆容的绚丽多变离不开基础知识。韩系妆容也是如此，底妆的洁净、眼妆的利落，简练的化妆更需要扎实的基本功。想达到自己预想的效果，想快速掌握韩国化妆术，打开本书，很适合日常应用，而且初学者也很容易学会的化妆技巧，每一天都可以用到。

　　这本书不是一位化妆师的个人偏好，也并非追逐潮流华而不实，更不是专注地域特色而偏离中国女性气质的盲目追潮，而是凝集资深彩妆造型师、彩妆编辑，多年化妆指导的经验精髓而成，希望可以通过本书，帮助大家找到完美自我的捷径。

Contents

69 CHAPTER 2 眼妆不费力

135 CHAPTER 3　眉妆不费力

151 CHAPTER 4　唇妆不费力

169　CHAPTER 5　颊妆不费力

即刻变无暇肌

底妆不费力

变美的化妆秘诀是什么?其实就是底妆。

每个女性都想变得更美丽、更年轻,

但即使比较熟悉化妆的人,

也会遇到化好妆要半天、

不尽人意还要卸了重画等境况。

打圈、拍按、晕开…
加速完妆

变换手法、产品、顺序…
时间尽在掌控

特别是对于很多经常赶时间的女性,

如何自己对着镜子轻松化完妆、

如何高效地画出漂亮的妆是最重要的。

精致的妆容并非一秒就能完成,

也不是昂贵化妆品就能"堆"出来的,

而是根据期望获得的效果调整基本步骤、

根据想要达到的遮瑕效果而选择合适的产品。

巧妙利用色调、质地,
快速提升肌肤魅力

张弛有度,让化妆变得更便捷、更轻松,

化出的效果也会出人意料的好!

MAKEUP POINT

1 用黄色基调的自然色妆前乳与粉状粉底，重点修饰视觉焦点的眼下
　部位，可以缩短化底妆的时间。

2 从眼下→脸周，强→弱过渡，要注意避免涂满整个脸部，有张有弛
　地打底才是最快捷有效的。

BASE FOUNDATION
速变谁都适合的自然肌

"修饰眼部下方"是提升底妆效果的关键；但很多女性往往疏于眼下打底。妆前乳、粉底、遮瑕膏要张弛有度地使用，只使用粉底，甚至整张脸都均匀涂抹的方法是错误的。

好好地修饰眼部下方瑕疵，
其他部位则薄薄的一带而过，

强调重点部位的修饰，可以大大缩短上妆时间，
效果也是最自然的。

Foundation

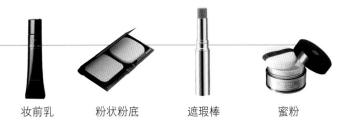

▶ 这个妆容使用了接近肤色的自然色妆前乳，适用于整个脸部，以改善肤色不均或者是毛孔凹凸不平、有细纹等皮肤状态。

妆前乳　　　粉状粉底　　　遮瑕棒　　　蜜粉

有张有弛的涂法见效快！

　　妆前打底是化底妆的第一个环节，而在这一过程中提升完美印象的秘密，就是"眼部下方关键部位的修饰"。眼部下方是视觉焦点范围，但却是泛黑眼圈等问题的集中区域，将眼部下方作为打底重点，是最快呈现理想效果的技法。

　　在眼部下方涂妆前乳，轻柔地用指腹呈圆形涂抹是要点（见图1）。另一个需要注意的地方是：用粉底好好地矫正眼部下方瑕疵，适度修饰T区瑕疵，脸周粉底薄薄涂抹即可，同时通过改变化妆海绵与粉底刷的走向等手法，调整修饰力度，从眼下→脸周，强→弱过渡（见图2），避免整张脸都使用同一力度与手法，有张有弛地打底才是最快捷有效的。

points

▶1

▶2

STEP 1 妆前乳

How to

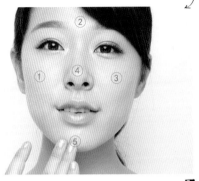

5处点涂上妆前乳，控制用量

两侧脸颊→额头→鼻部→下巴点涂妆前乳，
在重点部位先涂上再抹开，要避免涂多。脸
颊面积较大，可以多涂一些。

> 妆前乳：填补肌肤凹凸不平处，
> 均匀肤色并提升明亮度。

从内侧向外侧涂抹，瑕疵处打圈涂

用指腹从内向外将妆前乳延展开，眼部下方容易出
现黯沉的地方、鼻部周围毛孔明显的地方，以画圈
圈的手法使霜体与肌肤充分融合，遮瑕效果更好。

STEP 2 粉状粉底

眼角与眼尾间

眼下方与颧骨
间三角区

眼部下方用粉底刷涂粉底

从容易出现黯沉的眼部下方开始涂粉底。用
刷头蘸取粉状粉底，以"轻扣"的手法自然
地修饰眼部下方，和使用海绵时手法一样。

> 粉状粉底：超细粉末修饰粗大毛孔及暗疮印。

T区画小圈，轮廓线滑动薄涂

T区用力涂粉底易花妆，用粉底刷蘸取少量
粉底，以画小圈的方式转动刷头涂更贴服。
脸周轮廓处粉底涂厚易浮粉，用粉底刷上剩
余粉底就足够了，滑动刷头涂至融合。

STEP3　遮瑕棒

调整固体遮瑕膏用量

直接使用遮瑕棒容易涂厚，涂时要先用指腹在手背上调整用量；也可以用小号粉刷蘸取膏体涂抹，可以更好地控制用量。

遮瑕棒：填补肌肤凹凸不平，均匀肤色并提升明亮度。

修饰眼角下方、鼻翼、嘴角的阴影

眼角下方轻轻地小幅度转动刷头，像画小圆圈一样涂抹遮瑕膏。鼻翼、嘴角要扫匀。

<u>point</u>　鼻周毛孔较明显的部位，可以用粉刷再蘸取少量遮瑕膏，将刷头竖起与肌肤呈90度点涂毛孔处，填补凹凸不平的地方。

STEP 4　重叠涂蜜粉

透明蜜粉：细腻粉质使定妆效果自然通透

用蜜粉固定遮瑕处

为了巩固遮瑕部位，用蜜粉在涂抹遮瑕膏的地方重叠涂抹，使用中号粉刷轻薄扫上蜜粉即可。

Finish

大号蜜粉刷"抛光"

用蜜粉刷由内向外轻刷几下整个脸部，去除多余的浮粉，可以避免妆感厚重，使底妆更为清透。

MAKEUP POINT

1 粉色与米黄色是基色，适合所有肤色。

2 利用底妆颜色的微妙变化调整肌肤的基底色，掌握局部使用调控色的诀窍，挑对颜色，妆感就不会显得厚重，如用黄色修整泛红的两颊，用粉色调整红润感。

BASE　FOUNDATION

粉调妆前乳与粉底加快亮肤

只需在粉底前后加入粉色，就可以增加富有女性魅力的肌肤品质！
用偏红的色调为肌肤营造白里透红的自然红润效果。

（全脸）　（眼部下方）

明亮的粉调妆前乳＋粉调粉底

粉色调的叠加让肤色快速亮白，
为肌肤带来意想不到的柔美、红润印象。

Foundation

▶ 在基础底妆中，选择具有
隔离、调色作用的粉调妆前底
乳（不用再涂抹饰底乳，以避
免底妆显厚重），并在粉底液
后局部使用粉调粉底。

妆前乳　粉底液（肤色）　遮瑕棒　粉底液（粉色）　蜜粉

用粉色简单呈现明亮、立体肤色！

　　想让肤色显得亮白，使用统一色阶的明亮色，不如在肤色上添加粉红
色调显得更自然。在黄褐色调中加入一些粉红色调的话，就可以让肤色看
起来更健康。涂粉调底乳、自然色粉底液后，只在眼部下方涂抹薄薄一层
比粉底液亮一阶色号的粉红黄褐色粉底（Pinkochre）（见图1），富有立
体感的、张弛有度的底妆立刻呈现！一般自然健康色的粉底中红色与黄色
的比例各半，而粉红黄褐色粉底中红色大过于黄色。在深色粉底后使用明
亮粉色粉底，可以调控粉色，避免膨胀感。

　　由于眼下部位重叠使用了粉底液，所以，第一层粉底要尽可能薄（见
图2）。

points

自然色

▶1　明亮粉色

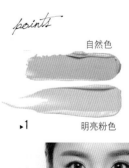

▶2

STEP 1　妆前乳

How to

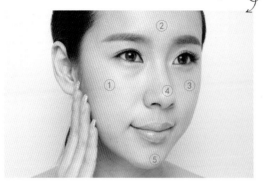

粉色系妆前乳点涂后画小圈涂开

分别在两颊、额头、鼻部、下巴点涂妆前乳，并从内侧向外侧涂抹开，眼下、鼻翼、嘴角以画小圈的手法使妆前乳与肌肤紧密贴合。

粉色妆前乳：修正暗沉肤色，使肌肤显红润，提升华丽色泽。

STEP 2　粉底液

粉底液薄薄涂在眼部下方与T区

眼部下方慢慢滑动粉扑，像抚摸肌肤般涂抹粉底液。由于之后要重叠涂不同颜色的粉底液，所以第一层要尽量轻薄。T区用粉扑画小圈涂匀。

—— 修护粉底液（肤色）：微粒因子使肌肤更细滑。有效缩小毛孔，淡化痘印，均匀肤色。

遮瑕膏：超细粉末修饰粗大毛孔及暗疮印 ——

STEP 3　遮瑕膏

"拍按""画小圈""滑动"

毛孔等瑕疵处"拍按"；眼下、鼻翼、唇周细节部位"画小圈"；脸周轮廓线"滑动晕开"，和使用粉刷一样分别运用不同的手法涂抹粉底液。

修饰眼角下方、鼻翼、嘴角

用小号眼影刷以轻抚的方式一处处分别将遮瑕膏薄薄地延展开，使遮瑕部位与周围肤色融合。

STEP 4　粉底液

眼下再涂粉色系粉底液提亮度

要使肤色看起来显得更柔亮，粉色系的色调比较适合。但不要用于全脸，而只在视线最集中的眼部下方，黑眼珠下方的脸颊部位，用指腹边轻轻拍按边延展开。

感光粉底液（粉色）：肌肤的"隐形修正液"，含感光分子为肌肤带来光泽，消除黯沉。

用粉底刷轻轻拍按

在用指腹涂粉底液的地方，用粉底刷轻轻的以拍按的方式促进粉底液与肌肤融合。也可以使用粉扑，但相比之下，粉底刷更容易使颜色快速过渡。

STEP 5　定妆蜜粉

晶莹蜜粉（透明色）：质地轻薄，无厚重感。能遮盖肌肤瑕疵，收缩毛孔，展现通透色调。

Finish

遮瑕部位重叠扫上蜜粉

在涂抹遮瑕膏的眼角下方、鼻翼、嘴角部位，重叠扫上一层蜜粉，这样可以起到加固遮瑕膏的作用，效果也更自然。使用眼影刷就可以轻松打理细节。

全脸薄薄扫上一层蜜粉

使用与前一步骤相同的蜜粉，用大号粉刷从内向外滑动，在全脸薄薄地扫上一层蜜粉。

The basic foundation

Basic

3

BASE FOUNDATION

按压×打磨即刻融合

在眼角、嘴角想要薄薄涂抹妆前乳的细节部位，

用粉扑调整贴合度更简单一些，

用粉刷涂粉底能营造出几近裸妆自然光感。

从妆前乳、遮瑕膏到粉底，一步步都悉心打造，

不仅事半功倍加快速度，完妆效果也更持久。

（粉扑涂妆前乳）

（粉刷涂粉饼）

point　用粉扑按压妆前乳，用粉刷涂粉底，工具与化妆品的配合，可以提高上妆效率。这也是为什么使用相同的化妆品，但专业造型师打理出的妆容总会看起来更有质感的原因之一。

借助粉扑与粉刷消除多粉感

　　用粉扑或三角形海绵块轻轻按压肌肤，使底妆更匀透，黯沉或泛红部位可以重复涂抹适量妆前底乳，用海绵块轻轻点压，有效遮盖。使用时用手指捏住粉扑成弧形（见图1），便于按压得更细腻。

　　直接用刷毛蘸取粉饼的话，会因为蘸得多而造成粉越涂越厚的状态。应将粉刷边旋转、边令毛刷毛呈放射状散开，使粉末进到刷毛的里面。涂抹前要将粉刷在纸巾上轻轻打圈，将刷头表面的多余粉末去除（见图2）。

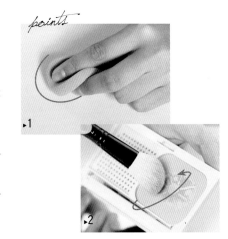

points

▶1

▶2

STEP 1　妆前乳

全脸用指腹由内向外涂妆前乳

用指腹取适量保湿妆前乳，从脸部中央内向
外侧延展开，直至脸部轮廓处都薄薄地涂抹
均匀。

妆前乳：填补肌肤凹凸不平，均
匀肤色并提升明亮度。

细节部位用粉扑按压贴合

鼻翼、眼角、嘴角等细节部位，用手指捏住粉扑成
弧形后按压，使妆前乳与肌肤紧密贴合。细节部位
重复涂抹容易涂厚并造成花妆，所以尽量减少用量
是要点。

STEP 2　遮瑕

修饰阴影、泛红部位

眼下、鼻翼、嘴角等容易出现阴影的地方，
用遮瑕膏进行修饰。涂抹后用指腹轻轻拍按
使膏体融于肌肤。

粉状粉底：超细粉末修饰粗大毛孔及暗疮印。

STEP 3　粉状粉底

以打磨手法用粉刷涂粉底

用粉刷蘸取少量粉状粉底，轻轻的像打磨肌
肤表面一般涂粉底。借助刷头达到"抛光"
效果，使底妆富有光泽与细腻的质感。

粉状粉底：超细粉末修饰粗大毛孔及暗疮印。

MAKEUP POINT

1 具有一定护肤力、遮瑕力，含30%～40%粉质的BB霜，比较适合打造
 轻淡一些的日常妆。作为一款"轻量级"粉底，使用BB霜后就不用
 再涂抹粉底液，只需要扑一层蜜粉即可。

2 由于亚洲出售的BB霜大部分会添加美白成分，借助BB霜会使皮肤显
 得白皙，但如果觉得即使选择偏深色BB霜，涂抹后肤色也显得发白
 的话，在选择BB霜时，要掌握如何判断颜色是否适合自己的肤色。
 判断BB霜的色号时，要在涂抹后等上一刻钟，这也是BB霜很神奇的
 一点，煞白感会随着肤温慢慢消融、吸收，最后跟原来的肤色融为
 一体，明显感觉通透亮又没有色差界限的，才是最适合自己的。

BASE FOUNDATION
一支BB霜最快完成外出妆

既有护肤力，又能隔离、防晒、调肤色，一支全能的BB霜几乎是"人手一支"！
包括它的升级版CC霜、DD霜，都是改善和修复多种皮肤问题，快速完妆的利器。

基础护肤后，将BB霜像涂保养品一样涂在脸部，即使在时间紧迫时，也可以顾及防晒、遮瑕的需要。

所以，化淡妆时，一支BB霜就能代替妆前乳、粉底液，打造出日常妆，
不仅不占用过多时间，毛孔、细纹等瑕疵也会瞬间隐形！

Foundation

▶ BB霜，全称是Blemish Balm Cream，最早起源于德国，原作为术后肌肤护理时常用的护肤霜剂，能镇静肌肤、淡化疤痕，直到韩国人发现并将其归于彩妆品。

多效矿物质修护BB霜　　保湿防晒CC霜　　亮白珍珠BB霜　　气垫BB霜

❙ 缩短化妆时间，只要这样一支！

　　BB霜原产于德国，原名"伤痕保养霜"，随后逐渐演变为亚洲的"美容霜"。原意的"伤痕"是指青春痘之类的皮肤问题（包括粉刺、黑头）。基本上，欧美的BB霜与保湿粉底区别不大。而亚洲的BB霜质地更厚一些，配方中常常额外添加抗氧化和美白成分，以适应亚洲人的美白需求。不管是BB霜还是防晒润色保湿粉底，方便是它们最大的优点：只需要一款产品，就能同时做到防晒、保湿和修色。

　　如今，更便于补妆的气垫BB霜，还有适合敏感肌舒缓、修复、调肤色，强调保养效果的CC霜，以及适用于出现老化问题的成熟肌肤，具有遮盖细纹或色斑效力的DD霜都相继诞生，选择空间更大。

气垫 BB 霜打底、补妆两不误

气垫BB霜的海绵气垫有80万个孔，而BB霜就"藏"在里面。气垫BB霜其实是液体质地，通过海绵的充氧泵作用带来空气，触感清凉，可以打造出轻薄的妆容。外形像粉饼的气垫BB霜，每次使用时也需用粉扑进行按压，就像使用粉饼一样蘸取后直接上妆，随身携带拿来补妆也很不错。

揭开"魔瓶"，你选对了吗？

隔离霜包括两种不同类型。一种用于隔离彩妆（早先的彩妆品都含有伤害皮肤的成分）和脏空气，也能使妆容更细腻、服帖，又称妆前乳（Make-up Base），另一种其实就是防晒隔离霜（UV Block）。而所谓的"润色隔离霜"就是添加不同颜色，以色彩中和原理进一步调肤色，如紫色可中和黄色等，让肤色更健康。BB霜、CC霜等之所以被归为彩妆品，就是因为BB霜中除了大部分的隔离成分外，还含有30%左右的粉底成分。所以，BB霜更偏调整肤质，并能代替粉底。

有些BB霜质地较稠厚；有些遮盖力强于普通的润色保湿粉底。如果肤质是油性或混合性的容易长痘的话，可能就不太适合浓稠的BB霜。特别是亚洲的BB霜质地比欧美的同类产品明显厚重，部分BB霜除了防晒之外，还添加了其他有益成分，如祛斑、抗衰老和提亮肤色的成分，不过这类BB霜往往质地油腻，对易长痘的肤质来说是个问题。事实上，BB霜的独特之处在于它的遮盖力正好介于润色保湿粉底和普通粉底间，对于习惯简单化个淡妆的人确实不错，当然一定要选择好的产品，同时不要被"全能护肤"的广告迷惑。不是随便哪款BB霜都具有多重功效，可以缩短护肤程序，主要取决于产品的配方。

<u>point</u>　BB霜虽具有护肤力，但这个效力是建立在化妆水、乳液的日常护肤基础上的，否则涂抹后皮肤会感觉干燥。另外，BB霜因使用天然性成分，抵御日常紫外线还可以，配合定妆蜜粉，防晒效果更好。如果紫外线强烈，还是要先涂抹专业的防晒品。一般水乳状的润泽度高，更适合偏干的皮肤；而凝霜状的控油力和遮瑕力好一些，偏油或瑕疵多的肤质更适用。选择米色系的水润质地BB霜可以自然遮盖瑕疵。购买时，一定要在手背上晕开试一试质地，太稠的不易擦匀，反之则遮瑕力会差一些。

▮充分利用指腹缩短时间

涂抹BB霜时用四指充分对揉、蘸满并像涂抹乳液一般大面积涂开，眼角、鼻翼、嘴角用指腹按压贴合即可。充分使用指腹就可以缩短涂抹时间。需要注意的是，由于BB霜粉质成份重，容易堆粉的眼角、鼻翼部位要用指腹轻拍，以免涂得薄厚不匀，导致很快脱妆。涂BB霜后再补一层蜜粉，可以使底妆更持久。

How to

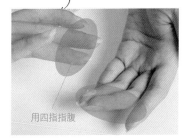

用四指指腹

双手四指充分对揉蘸取BB霜

用指腹取BB霜，四指指腹相互对揉蘸满，充分利用指腹才能缩短时间。全脸的用量要足够，一般取大粒珍珠大小。

用双手像涂乳液般涂抹

双手像涂乳液一样，尽快将指腹上的BB霜涂至全脸，使之与肌肤融合。从脸部中央面积大的部位开始，双手由内向外移动涂匀。

一直延展至脸部轮廓线

脸周轮廓处将指腹上残留的霜体延展开，消除与颈部交界处的色差。

point 如果眼部、鼻翼黯沉较明显，可以再添加少量BB霜，眼部下方也可以再轻扫上高光粉提亮。

毛孔明显处轻拍或补涂

眼周、鼻部及鼻翼、唇周的细节部位，用指腹上残留的霜体涂匀。如果涂后没能较好修饰毛孔，可以用指腹取少量BB霜，以轻拍的手法重叠涂抹。

细纹、黯沉处少量补涂

比较明显的细纹等处，取少量BB霜重叠涂抹，用指腹薄薄地延展开，与周围肌肤自然融合。

用海绵块轻拍贴服

用厚一些的棉块轻轻拍按全脸，消除干纹与卡粉，使霜体与肌肤紧密贴合，增加透明度。

上粉底前使用妆前乳 〔Base〕

妆前乳是在涂抹BB霜、粉底前使用，有提亮、调匀肤色，遮瑕、平整肌肤的作用，

同颜色的妆前乳具有不同功效，
一般只用于局部，才能避免厚重感

化淡妆时只用妆前乳，不涂粉底也能呈现不错的肤色，
重一点的妆容，用妆前乳调理毛孔后再上粉底更易推开，

修饰不均肤色

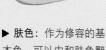

▶ **肤色**：作为修容的基本色，可以中和肤色黯沉感，带出明亮度高、自然柔和的好气色。

use 颜色深浅避免与肤色色差过大。

矫正黯沉、泛黄

▶ **蓝、紫色**：能中和泛黄、黯沉肤色的黄感，适合亚洲人肤色，让肌肤会变得洁净。

use 用量不宜过多，适用于鼻翼、唇角等黯沉处。

中和泛红

▶ **绿色**：使用时轻轻推抹即可，对于较为严重的泛红处，最好轻轻拍按提升融合度。

use 一般使用于局部，过量会使肤色泛白或泛青。

增加红润色泽

▶ **粉色**：主要的功效为修饰，能够修饰斑点、黑眼圈等问题，打造红润的健康肤色。

use 不适合全脸使用，应以双颊为修饰重点。

黑眼圈、斑点

▶ **黄色**：较接近肤色的色调，能局部修饰黑眼圈、斑点、毛孔和细纹，使肌肤显得明亮。

use 可以局部用于眼部下方、毛孔粗大部位。

提亮，赋予光泽

▶ **珍珠色**：一般用于粉底前。和粉底液、遮瑕霜等调和使用，可以增强底妆亮泽度。

use 由于珠光有视觉膨胀作用，使用时要谨慎。

应用：珍珠光泽妆前乳

How to

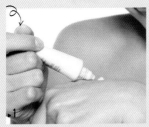  

1 将含有珠光因子的妆前乳倒在手背上，边用指腹蘸取边涂抹，控制用量。

2 脸部瑕疵较明显时，可以按4:1的比例调和遮瑕乳，提升遮盖力。

3 取珍珠大小的妆前乳，边用指腹蘸取边涂抹可以减少浪费。

亮白珍珠妆前乳：细微珠光因子使
肌肤更显透明，富有立体光泽。

4 首先将妆前乳分别涂抹在两颊、T区、下巴的4个部位。

5 用指腹向外侧呈放射状延展开，边际、下巴周围晕开渐淡。

6 用棉块以轻轻拍按肌肤的方式增加乳体的附着力，
　之后可以根据妆容需要继续涂抹粉底液或粉状粉底。

Finish

| POINTS!

脸部骨骼凸出的部位
是添加的中心！

使用珍珠光泽妆前乳，颧
骨最凸出的地方、T区、下
巴这4个地方，是应该最先
涂抹的部位。

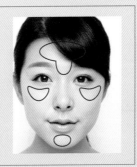

The basic foundation

Foundation

1

MAKEUP POINT

1 不涂润色妆前乳，直接使用粉底液是这个妆容的特点，充分借助粉底液的润泽优势，打造出与自身肌肤自然融合的水润质感。

2 眼部使用透出细腻珠光的自然棕色眼影，并借助珠光蜜粉为眼下、脸颊加入光泽感，整体妆容更为水润、透明。

LIQUID FOUNDATION
只用粉底液与少量蜜粉

"直接涂粉底液"，只用少量珠光蜜粉进一步调整局部。
液状质地像乳液，延展性好，遮瑕力比较自然，
使用起来可以像涂保养品一样简单完成，

打造出毫无多粉感的"第二层肌肤"
薄薄延展开，避免在整个脸部都打上粉底，
根据脸部轮廓调节底妆厚度相当重要。

液状质地令上妆后肌肤感觉清爽，
比较适合状态较好的肌肤或日常使用。

Foundation

▶ 底妆产品种类较多，但目的就是均匀肤色，无论哪类肤质，"使用适合自己的化妆品，薄薄打底"是法则。

超感光保湿粉底液　　水凝粉底液　　轻盈蜜粉（自然白）　压缩蜜粉

选择接近肤色的粉底色！

　　粉底产品一般分为三类颜色："冷色调"、"自然色调"和"暖色调"，选粉底时原则是挑选与肤色接近的。试用前，先去角质并做好保湿，如果没有彻底清洁干净，肤色就不会准确地呈现出来。试用时要在光线条件良好的环境下测试粉底色，最好先在一个地方测试一下，然后再到另一个不同的光线条件下测试，看看是否依然适合。在试色时应穿白色服饰，其他颜色会改变肤色。

　　需要注意的是：不要因为想显得更白，就选择比自己肤色偏白的粉底，最好的方法是选择接近肤色的产品。另外，选粉底色时要考虑面部、颈部和肩领部这三个部位的颜色。颜色最自然的应该是颈部，面部和肩领部一般会由于更多接触紫外线而比颈部颜色深。可以将粉底液涂抹在下颌处，选择最适合脸部和颈部自然肤色的颜色。

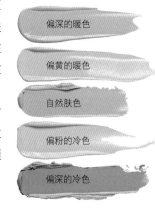

偏深的暖色

偏黄的暖色

自然肤色

偏粉的冷色

偏深的冷色

粉底液

How to

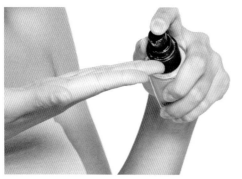

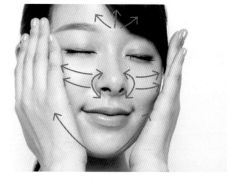

双手四指揉开粉底液

指尖取粉底液后双手除拇指外的四指轻轻对揉，使粉底液延展至双手四指的指腹，利用手指的温度让粉质更贴合。

超感光保湿粉底液（象牙米色）：利用光线补正效果，完美扫除肌肤瑕疵，无论细纹、毛孔凹凸暗沉皆可以遮饰。

从脸部中央向外侧尽快涂开

双手指腹尽快从脸部中央向外侧涂抹开，分别将额头、脸颊、下巴都薄薄的将粉底液延展开，鼻翼上下滑动涂抹均匀，移动指腹的同时做按压动作，逐渐淡开至轮廓线，形成薄薄的膜。

眼周黯沉处点涂后少量粉底按压融合

如果比较在意眼周色素沉积，可以用指尖取米粒大小的少量粉底液分别点涂在上下眼睑，用指腹以轻拍的手法按压至融合。

细小部位轻按融合

眼角、鼻翼、嘴角的细小部位容易堆粉，用美容指指腹轻轻按压调整均匀。阴影处可以重复补涂少量粉底液加强遮瑕力。

<u>point</u>　瑕疵处不需要使用遮瑕膏，用少量粉底液重叠涂抹，局部的反复叠加涂抹不易花妆。

STEP2 蜜粉

用粉扑轻按吸除多余油分

用洁净的粉扑轻轻拍按全脸，吸去多余油脂，并促进粉底与肌肤紧密贴合，提升持久性。

在手背上调整蜜粉

蘸取蜜粉后，先将粉扑在手背上轻拍，使粉质均匀附着，并调整着粉量。

point 一般遵循的涂抹方向是以由内向外、由上向下为基本涂抹方向。瑕疵处不需要使用遮瑕膏，用少量粉底液重叠涂抹，局部的反复叠加涂抹不易花妆。

透明蜜粉：细腻粉质使定妆效果自然通透。

先扑粉在脸部中央的细节部位

将蜜粉扑对折，用面积小的前端在眉部上方、双眉之间、鼻翼、鼻部下方、下巴容易脱妆的部位轻压上蜜粉。

Finish

其他部位一带而过

从脸部中央向外侧，边轻压边移动粉扑，薄薄地扑上一层蜜粉即可。

The basic foundation

Foundation 2

MAKEUP POINT

1 粉凝霜具有和粉底液一样的遮瑕力。比较在意的细纹、斑点等用指腹重叠涂抹，可以代替遮瑕霜。

2 由于粉霜质地，涂后可以像涂了蜜粉般呈现持久雾面妆感，即使在干燥环境，肌肤也能持久滋润，粉饼设计补妆也很方便。

EMULSION FOUNDATION
直接打底的便捷粉凝霜

"粉凝霜"就是固体状的粉底液，比粉底液浓稠一些的霜状粉底，
与粉饼相比，粉凝霜偏油质地可以增加皮肤光泽度并富有张力，
更适合感觉干燥，想要肌肤更滋润时打底用。
涂抹时和使用粉饼一样用粉扑就能简单完成，
较好的延展性与融肤性，对于新手也不会出现卡粉或涂抹不均的问题。
可以随身携带，更便于日常使用。

从"没有细纹的部位"开始涂（妆前乳、粉底液都适用）
按脸颊、额头、鼻部、眼周、唇周、下巴的顺序涂

中途一般不用再蘸取重涂以避免涂厚。
之后也不用扑蜜粉，粉底+蜜粉，一整天都能保持润润的。

Foundation

▶ 粉凝霜让肌肤从内散发光
彩，自然遮瑕，质感轻盈，水
润光泽。其中气垫粉凝霜分为
水润型和清爽型，适合演绎轻
薄底妆。

完美服贴粉凝霜　　　紧颜粉凝霜　　　无瑕气垫粉凝霜　　　无感持妆粉凝霜

粉底＋蜜粉二合一，快速打底！

　　粉凝霜的粉霜质地，其特点就是涂完后，会形成涂粉底液并扑上蜜粉一般的打底效果，
粉雾妆面一步就能完成，打底很方便，而且也能起到蜜粉的定妆作用。所以，想要节省打底时
间，兼具粉底+蜜粉的粉凝霜，是很好的二合一产品。补妆时同样很快捷。

　　其中气垫粉凝霜的气垫海绵饱含多效粉底液，油光少，能使肌肤长时间保持平滑润泽，上
妆也更快速。出门携带也十分方便，可以随时补妆。需要注意的是：使用时要尽可能轻轻按压
脸部，达到均匀细致的妆效。

STEP1 大面积涂起

How to ↘

避开细纹部位从面积大的地方涂

由于眼周的细纹或鼻周的表情纹等细纹容易导致堆粉，应先从面积大、没有细纹的部位开始涂起。由内向外像涂抹粉饼一样滑动粉扑。

向轮廓处薄薄过渡

与涂抹粉底液一样，脸周轮廓处也使用粉扑将粉底薄薄地延展开。

环采粉凝霜：肉色含细腻粉质，轻松遮瑕；白色含美白精华，持续祛暇。

point 上妆时针对海绵无法推匀的部位如：鼻翼周围、嘴角，用粉扑整体涂后，可以在鼻翼周围、嘴角搭配粉底刷使用。

STEP 2 调整细节

Finish

眼角、嘴角薄薄涂抹

眼角、嘴角表情活动频繁的部位，很容易形成细小的纹理，涂抹时用粉扑上残留的粉凝霜边轻按边薄薄附着上粉底。

鼻翼周围轻压贴合

用粉扑轻轻按压鼻翼周围，包括鼻部下方，将粉底细致地涂抹到细小角落，并轻轻按压，使粉凝霜与肌肤贴合更紧密。

32

粉底的选色 \Base/

"不合适的粉底色"是使粉底看起来涂厚了的主要原因。
由于脸部与颈部的肤色有微妙色差，
偏色哪一方都会显得脸色不自然，
必须在脸部与颈部交界处来试色。
在很多的颜色中去选择一个最适宜的粉底色，
首先要从标准色开始尝试，
如自然黄褐色（Natural Ochre），如果不合适，
可以按象牙黄褐色，粉红黄褐色的顺序试色。

妆容基色与亮度！

上妆后感觉粉底像浮在脸上？为了改变肤色涂抹与肤色
不融合的色调，底妆就容易显突兀，脸庞看起来还会显大，
妆色越接近肤色越自然。

颜色的测试	亮度的测试

▶ 选粉底色时，一定要直接在肌肤上测试。涂在下巴与脖子的分界处，既不会看起来暗沉，又不会跟脖子产生明显界线的粉底色较适宜。

▶ 除了色调，亮度也是自然与否的要素，在一侧脸颊上并列涂上暗色、中间色、亮色不同亮度的粉底，选择与肌肤相融合的。

肤色卡：测试冷暖色

参照下面的肤色卡，可以基本判定肤色的冷暖属性。把手放在图片上，衬托肤色显得更靓丽的色调即为相宜色。

肤色卡：偏暖色

•肤色略偏红，色泽健康，适合象牙色等黄色调，灰色与粉红色易显脏

肤色卡：偏冷色

•肤色略偏蓝，肤质薄，适合粉红色调，咖啡色、象牙色易显暗

The basic foundation

Foundation

3

POWDER FOUNDATION
15秒定妆用粉饼

"谁都可以轻松使用"的粉饼，既方便又实用。

定妆、补妆时用粉扑以滑动按压的方式简单涂抹，

轻松带给肌肤轻盈、柔滑的哑光质感，

在妆前乳或粉底液后使用，能进一步修饰并稳固妆容。

Foundation

▶ 散粉压缩而成，比散粉的贴合度好，定妆且控油效果也不错。选择干湿两用类型，根据肌肤状态调整用法。

美白防晒粉饼　　　柔光粉饼

▌根据肤质选择粉饼与手法！

粉饼主要用于定妆，其中，干湿两用粉饼较适合干性皮肤，干用定妆，湿用能促进底妆更服帖，湿用时将粉扑略打湿，并挤去多余水分，再蘸取粉底，这样能促进粉质贴合肌肤且不易脱落。用粉扑以按压方式蘸粉，全脸的蘸取量约为1/2粉扑（见图1）。

如果想要简单上妆、效果更轻薄，用粉刷直接蘸取粉饼也可以（见图2）。像油性或混合性皮肤，蜜粉饼比一般粉饼质地更细致，不易泛油光，可以用蜜粉刷蘸取粉从脸部中央往外刷至全脸。

points

▶1

▶2

STEP 1 妆前乳、遮瑕霜

How to

妆前乳提升粉饼贴肤感

使用粉饼前，应先涂抹滋润型的妆前乳，这样上粉饼可以让粉质更持久贴合，水油平衡才不易脱妆。

抗氧隔离妆前乳：质地十分水润。适合任何肌肤做为妆前打底。特别是缺水性肌肤，可让后续上妆粉底更好推，妆容更服帖自然。

先遮瑕可减少粉底用量

比较在意的眼部暗沉、鼻周泛红等部位，应在涂粉饼前先用遮瑕霜进行修饰，以避免后续使用过多粉底来遮盖，导致底妆厚重。

point 　"控制粉底厚度"是使用粉饼的关键，特别是日常的自然妆。应先用妆前乳或粉底液以及遮瑕产品，过多使用粉饼来修饰肌肤问题很容易造成浮粉。

STEP 2 粉饼

净白盈采两用粉饼：丝绒般的细致粉质，富含活光因子与美白成份，能保护肌肤，淡化斑点，均匀肤色，持续美白。

按压粉扑蘸粉

使用粉饼时，用化妆海绵前端1/2处蘸取粉底，可以有效避免蘸粉过多而造成的妆感过厚。

调整蘸粉比例控制粉量

一般一次蘸取1/2粉扑可用于半边脸。如果担心涂厚，也可以每次蘸取粉扑的1/4，蘸二、三次来涂，避免一次蘸多，涂时结块。

从面积大的部位开始涂起

按照图示顺序，先涂脸颊、额头面积大的部位，之后再涂鼻部、眼周的狭小部位，更有效地控制粉底用量。

<u>point</u>　鼻角和嘴角等细节部位容易堆粉，可以用粉扑的尖角轻轻按压，使粉底充分贴合。鼻子下方也要仔细涂抹开。

轻轻滑动粉扑打造自然妆感

从面积大的部位开始涂，由脸部中央向外侧，不要用粉扑用力推抹或拉扯肌肤，应轻触肌肤表面，滑动粉扑，形成一层薄膜。

Finish

细节处轻轻按压

鼻角和嘴角等细节部位容易堆粉，用粉扑上残留的粉底即可。涂时用粉扑的尖角处轻轻按压，使粉充分贴合。鼻子下方也要仔细涂抹开。

通过轻轻按压促进粉底融合于肌肤

最后用双手整个手掌轻轻按压肌肤表面，促进粉质融合，消除浮粉。时间充裕时也可以用干净的海绵轻拍脸部，使粉底更紧密地融合于肌肤，提高粉饼的持久附着力。

▌用大粉刷简单涂粉饼！

　　用散粉刷或腮红刷也可以涂粉饼，特别是对于T区、脸颊的毛孔粗大处易堆粉的区域，换用粉刷上妆更为合适，刷毛粘上粉底，一次蘸取量比粉扑要少，相比粉扑更轻薄，避免粉末堵塞毛孔。用刷头在脸部以打磨的方式由内而外刷匀。

How to

双手四指揉开粉底液

用大蜜粉刷蘸粉，将粉刷边旋转，边令毛刷毛略散开，使粉末进到刷毛里面。之后将粉刷在纸巾上轻轻打圈，将刷头表面的多余粉末去除。

从大面积部位开始刷起

像打磨肌肤表面一样，用蜜粉刷从脸部中央向外侧薄薄刷上一层粉。按图中所示顺序涂抹。

透明蜜粉：细腻粉质使定妆效 ——
果自然通透。

平头粉刷：均匀的抛光出细滑肤质。

立起刷头

T区将刷头立起，在鼻梁、双眉之间上下来回涂。无需再蘸粉，用蜜粉刷上剩余的粉底即可。

用粉扑沾少量粉底调整细节

由于眼角、上下眼睑、鼻翼、嘴角的细微部位，大刷头很难顾及细节，且容易刷到眼睛里，最好换用粉扑，蘸取薄薄一层粉，轻轻按压涂匀。

<u>point</u>　鼻翼两侧画小圈涂，毛孔明显部位用尖角从多个方向按压毛孔，可以避免堆粉。

MAKEUP POINT

1 使用乳液型，含有细腻金色珠光粒子的眼影，涂抹在上眼睑的凸起
部位，打造出与水润底妆相呼应的水亮双眸。

2 使用淡色唇彩前，先用指腹轻拍唇部遮瑕液以减弱红色，再涂抹唇
彩，与自然本色效果的底妆相融合，整体感更加协调。

LIGHT FOUNDATION
几近素颜的水肌

水水润润的保湿底妆，首先要用乳液将光泽注入肌肤，
接着用保持肌肤光泽感的透明底妆。

乳液、乳化型粉底、遮瑕液、喷雾化妆水…
选择可以赋予肌肤自身水性的产品，
在保留肌肤水润感的同时，用透明底妆让微光宛如天生，

呈现出洁净的年轻肌肤。

Foundation

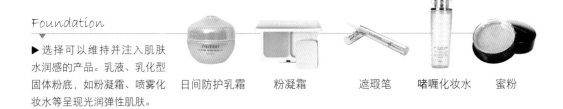

▶ 选择可以维持并注入肌肤
水润感的产品。乳液、乳化型
固体粉底，如粉凝霜、喷雾化
妆水等呈现光润弹性肌肤。

日间防护乳霜　　粉凝霜　　　遮瑕笔　　啫喱化妆水　　蜜粉

"乳液"底妆调整肌肤水润质感！

　　想要拥有像刚洗过脸一样，水水的、洁净的素肌，就要用激发素肌感的底妆。首先
最关键的一点就是"在保留肌肤本身水润感的同时，用底妆增加光泽与亮度"。在使用
粉底前，要用具有较好保湿力的乳液充分带给肌肤滋润。需要注意的是，如果在底妆环
节再添加光泽就很容易脱妆，所以要在底妆一开始就充分赋予肌肤水润。

　　其次要注重"使用不会减弱甚至消除润泽感的粉底"。建议选择即使很少用量也可
以带出光洁感的"乳化型固体粉底"。使用方法与粉饼基本相同，但是缺少像粉底液般
细腻润泽感。

　　遮瑕产品也同样选择质感水润的遮瑕液。并不是用底妆让肌肤变得光亮，而是尽可
能用底妆保持并调整素肌自身的水润，这正是水性底妆的最完美效果。

STEP 1 乳液

How to

首先用乳液注入水润

用乳液代替妆前乳，从一开始就为肌肤做足滋养，水水润润、有弹性的肌肤是"水性底妆"的基本要素。

日间防护乳霜：保护肌肤，舒缓干纹，长时间保持肌肤滋润、弹性和光泽。

STEP 2 乳化型固体粉底

以拍按、滑动的手法用粉扑涂粉底

用粉扑蘸取乳化型固体粉底液，注意蘸取粉扑1/3量即可，先从面积大的脸颊开始以按压的手法涂，额头与鼻部轻轻按压，脸部轮廓处滑动粉扑晕开。

保湿粉凝霜（浅杏色）：质地轻盈、遮暇效果出色，令肌肤全天保持自然肤色与水润。

STEP 3 遮瑕膏

苹果光瞬间遮瑕笔：有效遮盖黯沉，快速修饰眼周及脸上的小瑕疵，呈现自然妆容

眼部下方等黯沉处用遮瑕笔自然修饰

液体遮瑕笔适合保持肌肤亮泽感与水润质地。用遮瑕笔先在眼部下方黯沉处，由下眼睑向脸颊方向呈放射状画几条短线。鼻翼与嘴角处的暗沉也用遮瑕笔薄薄涂抹。

修饰眼角下方、鼻翼、嘴角

选择使用平头粉底刷，垂直刷头，以拍打的手法将遮瑕液自然晕开。用粉扑也可以，不过要注意按压融合，使遮瑕部位与周边肌肤自然过渡。

STEP 4　蜜粉遮瑕

遮瑕部位重叠扫上蜜粉

在涂抹遮瑕液的部位，用蜜粉刷蘸取少量蜜粉局部扫在遮瑕部位，如果粉质过多很容易浮粉，所以只需要薄薄覆盖一层。

柔肤啫喱化妆水：啫喱质地涂抹后迅速补充水分，有舒缓、抗氧化的作用。

STEP 4　喷雾化妆水

喷雾化妆水融合底妆

为了使肌肤保水量充分，底妆呈现出更滋润的质感，可以使用喷雾型化妆水，距离脸部约30cm处喷，距离过近会喷不均匀，且容易局部水分过多导致花妆。

STEP 5　定妆蜜粉

用干净的粉扑轻拍促进融合

喷化妆水后，用干净的粉扑轻轻地拍打肌肤表面，可以促进水分的渗透，与底妆融合得更紧密，在脸部形成一层薄膜。

Finish

用乳液代替眼部打底产品

上眼睑可以在后面步骤中使用眼部专用打底产品，不过，这个妆容为了提升水润效果，可以用乳液打底，使脸部每个细节都透出自然光泽感。

透肌蜜粉（自然色）：超细、丝滑粉质能均匀贴肤，打造透薄自然妆效。吸油粉末可吸附油脂，呈现持久哑光肌。

The basic foundation
Application
2

MAKEUP POINT

1 几近裸妆的洁净底妆，不描画眼线，整体妆容更自然轻盈。但是睫毛膏显得更重要，根根分明、有一定浓密度的睫毛会更显年轻。眉形尽量保持自然厚度，只使用眉粉打造出绒毛质感即可。

2 腮红呈圆形，在脸颊中央略偏下的位置大幅度延展开，打造出宛如自然泛出的血色感。

LIGHT FOUNDATION
不使用粉底的BABY肌

清爽的肌肤质感是减龄妆的最终目标，
即使不使用粉底，也能不留痕迹的实现完美肌肤。

象牙色妆前霜润色，贴近自然肤色，
透明蜜粉饼重点修饰眼下黯沉，

虽然简化了粉底环节，但通过润色、遮瑕、定妆，
最大限度保留了肌肤本色的同时，实现自然的年轻肌肤。

Foundation

▶ 选择添加美白成分的妆前霜，有效调整肤色，修饰肤色不均。带有粉底液效果的蜜粉饼，滋润肌肤的同时淡化干纹、紧致毛孔，带来更均匀细腻的年轻肤色，效果持续一整天。

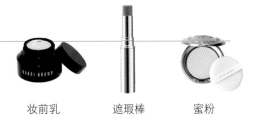

妆前乳　　　遮瑕棒　　　蜜粉

底妆并非"不涂粉底不可"

　　底妆不一定要涂粉底，特别是对于原本肌肤状态就较好的肌肤，用粉底反而会减弱肌肤自身的优势，想要实现既不留痕迹，又能令肌肤更显洁净无瑕的底妆，可以用具有润色妆前霜搭配遮瑕膏来代替粉底，尽可能最大限度保留肌肤的自然状态。

　　首先使用最接近自然肤色的象牙色润色妆前霜，在视觉焦点的眼部下方，用指腹轻柔地画小圈重点修饰（见图1）。即使是天生丽质的肌肤，眼部下方、鼻翼、嘴角一般也会有泛红、暗沉问题，一定要用遮瑕膏来矫正。最后用蜜粉饼先重叠涂抹遮瑕部位（见图2），再全脸涂开形成一层薄薄的面纱，带出婴儿肌肤般透明润滑的质感。

points

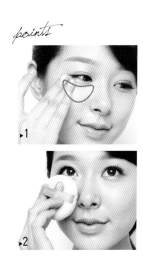

▶1

▶2

STEP 1 妆前润色乳

How to

象牙色妆前乳修整皮肤的凹凸不平与泛红

用象牙色妆前乳，先点图在额头、双颊、鼻部、下巴五处，然后由内向外涂抹开。面积大的脸部妆前乳用量多一些，其他狭小部位少量即可。

以黑眼球下方为中心重叠涂妆前乳

眼部下方亮泽起来，脸部肌肤才会看起来洁净明亮，这就需要用妆前乳以黑眼球下方为中心重叠涂抹，用量约米粒大小即可，用指腹以画小圈的手法轻柔融合。

持久妆前乳：超细珠光微粒为肌肤带来润泽修饰效果，让肌肤一整天细致透亮，同时提亮肤色。

STEP 2 遮瑕膏

—— 遮瑕膏：含清爽控油粉和自然遮瑕粉，呈现自然洁净肌肤。

不使用粉底时遮瑕更为重要

涂固体遮瑕膏后，可以用指腹向周围晕开。如果感觉遮瑕后有色块，显得不自然，可以尝试用小号粉刷（遮瑕刷、眼影刷均可）来晕开，用刷头轻抚，使遮瑕膏与周围肌肤自然融合。

修饰眼角下方、鼻翼、嘴角

由于不涂粉底，黯沉、泛红会更加明显，用小号粉刷（遮瑕刷、眼影刷均可）蘸取固体遮瑕膏，以画小圈的手法修饰细节，眼角下方、鼻翼、嘴角都要仔细调整，均匀肤色。

44

STEP 3 蜜粉饼

蜜粉饼先重叠涂在遮瑕部位

虽然可以用蜜粉来定妆，但是由于没有使用粉底，所以最好使用比蜜粉更具遮瑕力的蜜粉饼。首先用蜜粉刷重叠涂抹步骤2用遮瑕膏所涂抹的眼角、鼻翼、嘴角等部位。

接着由内向外滑动刷头

从脸部中央开始，先用刷头以轻按的手法涂抹一层蜜粉，再延脸部轮廓滑动刷头涂开至全脸。

压缩蜜粉：阻挡紫外线伤害，吸除面部的多余油脂。粉质附着力好，皮肤一整天维持自然肤色。

STEP 4 眼部

淡淡的粉色系透明眼妆

用色泽自然的米粉色眼影膏涂抹上眼睑，眼线可以不描画，要想使印象更自然柔和，只需要用睫毛膏涂刷上下睫毛即可。

STEP 5 腮红

Finish

宽幅晕染腮红提升血色

使用渐变色腮红组合，用腮红刷画圈蘸取，使颜色自然融合在一起，然后沿颧骨最高处略往下一点的地方开始，由内侧向脸部轮廓处宽幅晕染腮红。

MAKEUP POINT

1 分别用2种颜色与质感的妆前乳与粉底，调整肤色、紧致轮廓的同时，克服了"化妆感底妆易显厚重"、"高光与阴影棕显得生硬突兀"的修容妆弱点。

2 具有化妆感的肌肤，适合搭配线条感强一些的上眼线，用眼线液略加长眼尾，用黑色睫毛膏刷上睫毛。下眼线、下睫毛不用上妆。

LIGHT FOUNDATION
光影速成酷感 "化妆肌"

利用化妆来提升脸部立体感对于亚洲女性是比较重要的，
但是，对于希望短时间内、不会出错就能完妆的人而言，
生硬地使用高光粉或阴影粉，
很容易因控制不好用量与涂抹范围而返工。

通过 "妆前乳、粉底皆使用两种颜色与质感" 的技巧，
更简单地、更自然地显现立体感，而且不显厚重，

虽然看似涂抹的层次较多，
但实际上，在打底的同时就完成了高光与阴影，
既没有浪费时间，效果也更加出色。

Foundation

▶ 绿色妆前乳修饰肌肤泛红
效果明显。珠光白色用于局
部提亮，避免大面积使用。

妆前乳（绿色）　妆前乳（亮白色）　粉底液　　粉凝霜　　蜜粉

巧妙运用颜色与质感，轻松呈现立体妆感

　　希望拥有立体轮廓、富有质感的 "化妆肌"，妆前乳与粉底都分别使用两种颜色与质感是捷径。首先用具有调色效果的绿色妆前乳来矫正泛红的肤色，然后在眼部下方、额头、鼻梁、下巴处局部使用白色妆前乳，通过妆前乳来调整好肤色，就可以减少粉底用量。另外在妆前乳环节就加入亮色，完妆后光感更加自然。

　　使用两种颜色与质感的粉底，分别涂抹不同部位。在需要修饰暗沉等问题的眼部下方、T区，使用接近肤色的粉底液。脸周轮廓处的粉底要尽量轻薄，使用比肤色略深1个色号的粉凝霜，遮盖力与颜色都运用得张弛有度，完美修饰的同时也会显得厚重。

points

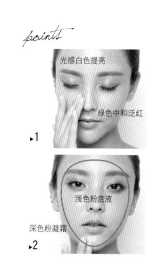

光感白色提亮
绿色中和泛红
▶1

浅色粉底液
深色粉凝霜
▶2

STEP 1　绿色妆前乳

How to ↘

绿色妆前乳矫正泛红肤色

绿色调的妆前乳，可以矫正肤色并提升肌肤透明度。先点涂在两颊、额头、鼻部、下巴5处，然后由内侧向外侧涂开，着重修饰处画小圈涂抹贴服。

 —— 绿色防晒妆前乳：遮盖红斑、青春痘、疤痕等。

STEP 2　白色妆前乳

希望看起来更凸出的部位涂白色感光妆前乳

白色调最能打造出立体感，如果用于第一个打底环节，完妆后不会显得突兀。额头、鼻梁、眼下、下巴处用指腹局部涂抹。需要注意的是范围不要过大，否则光感过强容易显得不自然。

 —— 长效魅白妆前乳：发光粉末使肌肤内外光滑明亮。

STEP 3　肤色粉底液

脸部中央部位涂抹肤色粉底液

将接近肤色的象牙米色粉底液涂抹在眼部下方，然后用粉底刷轻轻地拍按、画小圈涂开。涂抹范围不要超过两侧眼尾与嘴部下方形成的椭圆。

 —— 感光粉底液（象牙米色）：持久滋润，瞬间隐去毛孔。

STEP 4　深色粉状粉底

深色粉凝霜收敛轮廓

脸颊外侧至下巴的脸部轮廓部分，涂抹比肤色深1个色号的粉凝霜。用粉扑以滑动的方式薄薄涂抹一层。与步骤3的衔接处用粉扑轻拍按衔接。

水嫩光采粉凝霜：质地滑顺易推匀，深层保湿。

STEP 5　遮瑕乳

以拍打的手法使遮瑕乳更贴合

只用遮瑕乳修饰特别需要遮瑕的部位，用无名指边
轻轻拍打边涂抹遮瑕乳，促进与肌肤的融合度。

 —— 遮瑕乳：轻盈乳霜质地让遮盖力自然。

STEP 6　蜜粉

用大粉扑涂蜜粉比粉刷更贴服

用粉扑蘸取充足的蜜粉，注意充分蘸取后先在手背
上轻轻拂去多余粉末。

轻盈完美蜜粉：轻透无油光的质地让肤色
均匀一致，同时遮掩瑕疵、细纹。

STEP 7　高光

面积大的部位到细节处扑匀蜜粉

从脸颊大面积扑粉，鼻翼、眼下等细微部位，将粉
扑对折后用端角更便于扑匀。

T区、眼部下方加入高光提升透明度

使用粉质细腻的白色高光粉，用大号高光刷或蜜粉
刷营造柔和光感。只需要在步骤2涂抹白色妆前乳的
T区、眼部下方重叠、薄薄地扫上一层，由内而外的
双层高光，更富有透明感。

遮瑕膏：含珍珠粉成份，持久散发自然光芒。 ——

MAKEUP POINT

1 利用底妆来打造"一眼就能看出化了妆"的质感肌肤。与无妆感的底妆相比，可以强调出肌肤的品质感。

2 需要注意的是：粉底的颜色与质感与肌肤吻合。高光的添加要张弛有度，才能显得妆效华美而不刻板、有妆感但不厚重。

LIGHT FOUNDATION
有张有弛的"上妆感"

与"宛如无妆"的素肌感底妆相比，
可以用"化过妆的感觉"来强调富有质感的肌肤格调。

底妆产品的选择要与肌肤匹配，
并借助张弛有度的光感来消除平板的印象。

"轻重缓急"控制得当，"有妆感"也不会显厚重。
质感上乘的肌肤，即使一眼就能看出化过妆也不错。

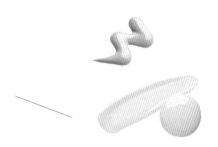

Foundation

▶ 含细微光子的妆前乳，含
美容液成分的保湿粉底液，用
遮瑕产品制造高光……，产品
的精心搭配，为妆容增添立体
感与优雅格调。

妆前乳　　　粉底液　　　高光粉　　　蜜粉

优质妆效有张弛感很必要

　　富有妆感的底妆也是一种不错的选择。不过越是强调妆感，就越要
重视粉底颜色的选择。轻透的底妆，即使粉底的颜色与肤色略有差别，也
不会明显感觉到不自然。然而对于浓重一些的底妆，一旦妆色与肤色不匹
配，就会显得妆感过厚，给人明显浮妆的印象。所以，为了妆容更有质
感，"粉底色与肤色完全匹配"尤为重要（见图1）。

　　另外一个重要的地方就是光感。涂抹具有矫正肤色的粉底后，多少都
会显得脸部表情有些平板。所以，无论打造哪种妆效都应遵循"根据脸部
骨骼来涂粉底"的原则，除了使用深浅色粉底分别涂抹脸部中央与脸周轮
廓等方法外，更要注重用高光来强调脸部立体感。然而过度使用高光只会
显得做作，一定要避免闪亮得有些刺眼的高光。只在必须使用的部位使用
（见图2），才能获得优雅的光感。

points

▶1

▶2

STEP 1 妆前乳

How to

樱花粉色透光妆前乳调整肌肤

分5处点涂，由脸部内侧向外侧均匀涂抹开。眼部下方想要提亮的部位轻轻用指腹画小圈涂抹。

妆前乳（樱花粉色）：柔和的粉色调使肤色更皙白、匀嫩、明亮,高效滋润、长效保湿。

STEP 2 粉底液

粉底液点涂后从眼下开始轻拍

将富含美容液的粉底液分别点涂在脸颊、额头、鼻部、下巴处，然后用粉扑先从眼部下方开始，以轻轻拍打的手法，将粉底液延展开。

STEP 3 遮瑕乳

根据遮瑕力度调整涂抹手法

T区、嘴周需要适度修饰的部位，用粉扑的端角轻轻画小圈促进融合。额头、鼻部与下巴处点涂的粉底均匀涂开，最后向脸周薄薄延展开。基本上按照眼下轻拍，T区画小圈、脸周滑动的手法涂抹。

用遮瑕刷以画线的手法涂遮瑕乳

使用遮瑕乳时，适宜搭配弹性较好的遮瑕刷。在容易出现暗沉的眼部下方、鼻翼、嘴角部位，将遮瑕乳呈线状涂抹，然后用指腹将遮瑕乳轻轻推抹开，与周围肌肤自然衔接。

52

STEP 4 眼下高光

眼部下方加入高光

先用液体遮瑕笔在眼部下方至鼻翼侧面的脸颊部位，呈放射状涂抹。然后用粉底刷以拍按的手法涂匀，注意要从外侧向内侧延展，避免涂抹范围过大显得不自然。

闪粉：隐隐的闪光感为眼周带来华丽光泽，易上色不结块。

STEP 5 蜜粉饼

眼下重叠涂抹蜜粉饼固妆

用小号粉刷蘸取淡雅米粉色蜜粉饼，在步骤5提亮的眼下部位重叠刷上薄薄一层蜜粉，起到固妆作用，并使提亮部位的光感由内而外透出般显得更自然柔和。

STEP 6 眼角提亮

全脸涂抹蜜粉饼打造雾面妆效

换用大号的粉刷，使用步骤6的蜜粉饼，轻扫全脸，使肌肤表面附着上薄薄一层淡淡的米粉色纱雾，打造出柔和的雾面氛围。

Finish

靠近眼角1/3处适度加入高光

以包围眼角的方式，用珠光眼线笔勾勒。范围不要超过过大，约靠近眼角的1/3处即可。眼角显得明亮，眼尾用深色收敛轮廓，眼部看起来更显立体。

MAKEUP POINT

化妆的效果很大程度上取决于肌肤状态。无论化妆与否，从清洁开始就要注重好的习惯。保养得当的肌肤，不仅上妆效果好，妆容更持久，更重要的是可以减少一些打底环节，包括减少粉底用量，使妆容更轻薄。

LIGHT FOUNDATION
好底子节省 10 分钟

化了精致的妆面，但从头发到手部都很干燥……
没有化妆，但发丝与指甲倍感滋润……
相比之下哪个更有魅力不言而喻。

打造完美妆容的基础，从每天的护肤保养开始。

照料得当的肌肤，几乎不会出现明显的皱纹，

任由皮肤干燥而放任的话，老化现象就会不断积累并提前出现年龄感。

Facial Soap

▶ 富含海藻中多种矿物质及高纯度的滋润精华，具有较好的保湿效力，平衡肌肤酸碱度，有效保护干燥、敏感肌肤。

▶ 蕴含植物油脂与精华的纯天然手工润肤皂，水油平衡，可以深层清洁并滋润肌肤，洁面后不会感觉肌肤干燥。

▌洗颜要适可而止

　　严格说妆前打底的第一步应该是洗脸。大多数女性都遵循"晚上从卸妆开始洁面，早晨用洗面乳来清洁脸部"的方式。然而，阻碍肌肤新陈代谢的过度洗颜是大错特错的。肌肤利用睡眠时间，自身具有的屏障功能开始修复，而早晨使用洁面乳后，夜间修复的皮脂膜又再度被破坏，特别是在白天感觉肌肤越来越干燥的话，就有过度洗脸的可能性。除了早上起来感觉油脂布满全脸的情况之外，基本上早晨只用温水来清洗脸部足矣。与其说适度洗颜，不如说保持滋润。

　　质量有保证的洗颜石碱皂，无论用于脸部还是身体都几乎没有什么刺激性。化淡妆的话用石碱皂也足够卸除妆容了。

"滑动"与"画圈"为妆容加分

按摩可以加速血液循环，祛除老化角质，血液循环畅通，肤色也会随之更透亮，妆容就会更漂亮。通过滑动与画圈手法还能改善肌肉弹性，缓解肌肤疲劳，所以应该养成每天按摩的好习惯。需要注意的是，手指的力度要适中，特别是移动指腹时不要用力拉扯肌肤，配合乳液、美容液或使用专用按摩产品，才不会对肌肤造成负担。

How to

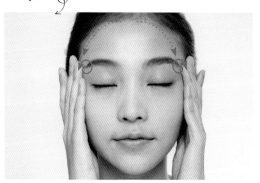

排出毒素、预防眼角下垂

从额头上方，发际线中心处开始向外侧边移动边用手指进行按压，排出脸部的毒素。然后用双手的示指轻轻按压太阳穴3～5秒后，如画圈般地按压。

画圈按摩眉部，舒展额头皱纹，恢复肌肤弹性

用示指的指腹抵住眉头，从眉头向眉尾，以画圆圈的手法移动指腹，按摩整个眉部，不要遗漏。轻轻用指腹按揉，不要用力拉扯肌肤。

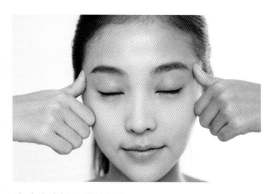

消肿并放松僵硬的肌肉

将拇指固定在太阳穴上，弯曲示指并放置在鼻翼两侧。拇指不动，用示指第二个关节从颧骨下方向上提到太阳穴位置，按下时停顿一下，重复做3次。

按摩脸周促进排毒

手指按到额头之后再从中央分别向太阳穴方向滑动，最后经过脖子将手指滑动到锁骨凹陷处，重复做3次。

无需按摩乳的"美颜加压"

　　对于上妆前没有充足时间做按摩的人，可以借助"加压"的手法来按摩脸部，促进肌肤血液循环，改善肤色，为上妆打好底子。这种手法即使不使用按摩乳，也可以在化妆前完成。由于按压可以控制手部的力度，可以不会对肌肤造成负担。

How to

促进血液循环、提亮肌肤

示指与中指分开呈V形，中指置于法令纹处，用整个中指轻轻施加压力，待一小会儿感到指尖血流后立刻将中指抬起。然后用中指从鼻梁侧面开始，向脸颊外侧边轻压边一点点地移动。重复做3次。注意移动过程中不要用力拉扯肌肤。

攒竹穴
睛明穴
四白穴　　　四白穴

通过刺激眼周穴位，提升肌肤饱满度

用无名指轻柔地按摩攒竹穴、睛明穴及四白穴，各按摩3秒。双手的示指分别放在眼角处，并向中间进行按压，缓解眼部疲劳与水肿。用拇指按压位于眼眶下方凹陷处的四白穴，可以改善黑眼圈。

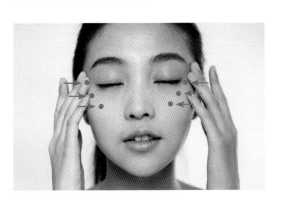

排除脸部堆积的毒素

从耳朵旁边开始，用中指边随颧骨的线条移动边轻轻地按压，注意移动过程中不要用力拉扯肌肤。

按至头后部给予头皮适度刺激

按摩头皮可以缓解头部肌肉压力，恢复弹性。促进头皮血液循环，也有助于头发的健康生长。双手手指立起，从额头发际线开始一直按压至头部后侧。

配合护肤品的妆前 SPA

　　早上画好的妆，没过多久细纹与眼下暗沉又重现？这往往是因为妆前护肤做得不到位引起的。即使在化妆前涂抹了好几层美容品，肌肤无法好好吸收就达不到美容目的，残留的多余油脂还容易导致花妆。利用涂护肤品的时间，同时做一些简单的美肌SPA，打开肌肤的输养通道，护肤品的营养成分才能渗透到肌肤内部充分发挥美容保湿效力。

How to

化妆水调整肌肤状态

用化妆水充分浸透化妆棉，将化妆棉分层揭开成为2、3片薄片，分别贴在易干燥或毛孔较明显部位，敷3分钟左右。

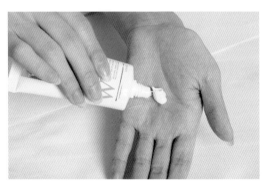

美容液、乳液用量稍多一些

水分补给后，先涂美容液，再涂乳液，美容液与乳液的用量都要比平常多一些，这样按摩肌肤时，可以很容易地滑动指腹，不会造成负担。

从内向外按摩全脸

趁肌肤表面充满黏液时进行按摩。按图中所示顺序，以向上、向外的方向按摩，注意指腹不要拉扯肌肤，而是在肌肤表面滑动。

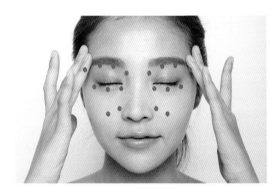

按压穴位缓解肌肤疲劳

用中指指腹按压图中标示的穴位点，每按一处，指腹慢慢施力至略感觉酸痛为止，按3秒后，慢慢松开指腹。

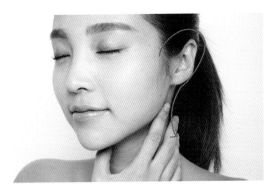

淋巴按摩消除脸部水肿

从耳后开始向下沿颈部滑动按摩，用右手滑动按摩
左侧，再反向按。如果身体较受力，也可以半握
拳，用拇指与大鱼际部分进行按摩。

促进血液流向心脏

双手从耳朵下方向锁骨方向，顺着颈部与肩部的线
条轻轻滑动按摩，促进血液循环，舒缓肌肤疲劳。

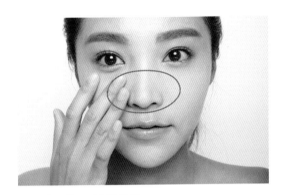

美容液调整T区油脂分泌

T区如果毛孔较明显，可以使用抑制油脂分泌的专用
美容液，边涂边轻轻按压促进吸收。

乳液与美容液充分润泽

全脸涂抹保湿乳液，眼周容易干燥，用指腹轻轻涂
抹眼部专用的保湿美容液充分滋养。

敷面调节疲劳肌

　　面膜可以在短时间内滋润肌肤，疲劳、干燥的肌肤很快就可以恢复透明感。面膜的
种类很多，早上化妆前适合使用浸满美容液的、水分充足的清爽型产品。而触感浓稠的
美容液会破坏妆容的附着度，所以浓厚的产品应该在夜晚使用。啫喱或蛋白丝面膜具有
较好的弹力，可以较好的增加肌肤弹性，而且可以更紧密地附着在法令纹处加以修复，
使纹理变浅。对于不同的肌肤状态，可以选择具有各种各样美容功效的产品，像集中改
善眼周问题的眼膜，或针对问题多发部位T区的局部面膜等。

MAKEUP POINT

1 修饰瑕疵并非只是用遮瑕产品将在意的色斑、暗沉遮盖住。从产品的选择、手法和位置，都应根据瑕疵类型及所在部位来调整，否则很容易越遮越明显。

2 较好地利用遮瑕来调节肤色的均匀度与亮度，同时也是减少粉底用量的必要打底环节。

CONCEALER
遮瑕！粉底薄涂瞬间OK

塑造光洁平滑的肌肤，消除脸部的阴影与黯沉十分重要。
修饰眼部下方的色素沉积、法令纹形成的暗影、色斑等，遮瑕品是不可或缺的。
对于脸部形成暗影的熟龄肌肤，遮瑕品应随身携带，可用于补妆。

黑眼圈、暗沉等暗影与色斑的遮瑕手法不同，区别对待才能获得较好的遮瑕效果。

Before   After

打底的主要目的就是均匀肤色，通过遮瑕来消除脸部暗影等，粉底可以减少用量，甚至不涂粉底，使底妆更轻薄。

▌遮瑕品质地与特点

固体遮瑕品——适用于痘痘、色斑、黑眼圈、毛孔粗大等问题。质地浓稠，与其他种类的遮瑕品相比，含水量较低，延展性较差。固体遮瑕品的含水量越高，保湿力与延展力越好，含水量越低，遮瑕力越高，透明度相对降低。用遮瑕刷或直接涂抹后，要用指腹以轻拍的方式使遮瑕膏与肌肤融合。

膏状遮瑕品——适用于色斑、黑头、色素沉积、黑眼圈、红血丝等问题。触感柔和，融合度好，具有固体与液体遮瑕品的共性。柔滑质地可填补肌肤不平。

乳霜状遮瑕品——适用于黑头、色斑、细纹、眼周黯沉等问题。延展性好，润泽度高，脆弱、敏感的肌肤也能使用，可以矫正、提亮肤色，但是遮瑕力不如固体和膏状遮瑕品。常见的有蘸取型和笔型两种。在涂抹液体遮瑕品后，应稍待1～2分钟后，等水分挥发后用指腹晕开，防止堆积，液体遮瑕品具有高光效果，在T区涂抹可以使妆容更加立体。

"改变命运" 的一个颜色

在化妆品专柜挑选遮瑕品的颜色时，很多人会涂在手背上试色，但是由于脸与手的肤色有差别，所以必须要涂抹在脸上方能确认好颜色。涂抹后，感觉好像没有涂过一样，遮瑕膏基本上与肤色融为一体，这样的颜色才是最适合的。基本上，遮瑕膏的颜色不要比肤色暗，稍微明亮一些最佳。

消除暗影——"提亮"好过生硬遮盖！

为了消除暗沉而过厚地涂上遮瑕膏来遮盖，很容易适得其反。如同相机的闪光灯一样，遮瑕也要借助"光反射"消除局部暗影。遮瑕产品一般用于固体粉底前，液体粉底后。涂抹后可以用少量蜜粉轻压以防止遮瑕部位脱妆。

应用部位1：嘴角

嘴角黯沉要先用遮瑕膏提亮，否则即使使用鲜艳的颜色，也会显脏。嘴角向下，面容看起来就会显老，这时可以用遮瑕霜来简单修饰。沿嘴角呈"く"形涂抹遮瑕霜，并用指腹轻拍贴合，遮盖住原有的嘴角轮廓。黯沉部位点涂遮瑕霜后拍按贴合。

How to

沿嘴唇边缘有色素沉淀的部位点涂遮瑕霜

用指腹蘸取遮瑕霜在唇部下方黯沉部位涂几个点，用指腹向两侧均匀推抹开。用容易延展的遮瑕霜修饰唇周与嘴角，遮盖暗影，突出唇色与唇部轮廓。

呈"く"形勾勒嘴角并晕开

用比肤色浅一些的遮瑕霜沿嘴角勾勒线条，不要紧贴唇部，以免晕不开，靠唇廓外缘勾画，再用指腹一点点涂匀。遮盖嘴角色素的同时让嘴角上翘。

应用部位2：法令纹

修饰法令纹时，重点在于消除法令纹起点即鼻翼处的暗影与色素沉着。作为脸部中心的鼻翼周围，一旦出现暗沉就会非常明显，从鼻翼开始沿法令纹进行修饰效果较好。使用附带细遮瑕笔的调色板式遮瑕膏，调出与鼻翼最高点肤色相近的颜色，先用细遮瑕笔只涂抹鼻翼的暗沉部位，然后用指腹向鼻翼外侧晕开，调整整个暗沉部位的肤色。

How to

调遮瑕色

遮瑕膏的融合性较好，使用调色板遮瑕膏，用细遮瑕笔蘸取深浅色遮瑕膏，调出与鼻翼最高点肤色相近的颜色。

消除法令纹处的暗影

容易卡粉的法令纹处不要涂厚厚的粉底来填补，应该借助遮瑕膏来提亮暗影处，从视觉上使法令纹"隐形"。从鼻翼处法令纹开始的部位，用遮瑕笔涂在泛红及暗沉处。

按压融合

遮瑕膏只涂抹并晕开在暗影范围，使遮瑕部位的颜色与周围肤色衔接并融合，不要扩大遮盖面积至肤色正常的部位，这样才能消除肤色与暗影处的色差，用指腹轻轻按压促进融合。

鼻翼用指腹促进融合

鼻翼作为法令纹的起点，且鼻翼的弧度很容易卡粉，所以要用指腹轻轻地将遮瑕霜按压贴合。

应用部位3: 下眼睑

眼部下方的倒三角区多见黑眼圈，凹陷部位易形成阴影，是导致倦容的关键区域。将遮瑕膏沿下眼睑的黯沉部位画几条弧线，然后轻轻拍按，借助遮瑕使肌肤呈现透明光泽感，消除黯沉印象。

How to

消除眼下倒三角区的暗影

从眼角开始向眼尾方向，沿下眼睑黯沉部位，斜向下描画几条弧线。

按压融合

用指腹将遮瑕膏晕开至无黯沉部位，不要超出阴影范围，用指腹轻轻按压促进融合。

应用部位4: 眼周

上眼睑与眼角、眼尾的肤色矫正与提亮，使眼部轮廓更清晰。用画线遮瑕的手法，进行稍稍的遮盖，效果最自然。

How to

上眼睑画线涂抹并薄薄延展开

用遮瑕膏或遮瑕笔在整个上眼睑斜向画几条线，用指腹轻轻边按压边延展开。

眼角下方与眼尾提亮

眼尾沿凹痕描画，用指腹轻薄推按均匀。眼角下方轻轻描画，用指腹轻柔均匀，呈现自然光泽感。

CONCEALER
各类瑕疵立即隐形

修正不同部位及类型的脸部瑕疵，遮盖技法有所区别，
用适合的遮瑕产品，配合点涂、画线、按压等手法，
才能获得无懈可击的遮瑕效果。

How to

眼周用指尖匀开

全脸涂抹保湿粉底液，用中指的整个指节蘸取粉底
液涂抹开。下眼睑与眼睛周围用指尖薄薄匀开。

用粉扑轻压蜜粉

在全脸扑蜜粉，大面积按压全脸后，将粉扑对折后
用粉扑角按压眼睛周围促进贴合，注意不要擦拭。

涂眼部专用妆前乳

涂粉底液后，在上下眼睑涂上眼部专用的保湿妆前
乳，单侧用量约一个米粒大小。在细纹较明显的眼
角、眼尾、下眼睑处薄薄地抚匀，要避免卡粉。

重叠涂上高光粉

在涂抹妆前乳的眼周轻刷上一层高光粉，用刷头从
眼角向眼尾轻刷、选择色泽较自然的米色高光粉。

黑眼圈——从中部开始遮盖

　　用橘黄色等暖色遮瑕液来中和眼周的暗沉肤色。另外质地润泽的液态遮瑕笔，质地轻柔并具有提亮效果，更适合修饰眼周。如果黑眼圈较明显，可以使用接近肤色的遮瑕膏。遮盖黑眼圈时要注意：大面积遮盖反而会因色差造成发暗部位更明显，应从黑眼圈的中部开始，使遮瑕液与周围皮肤衔接处自然过渡即可。按粉底液→遮瑕液，遮瑕液→粉饼的顺序涂。

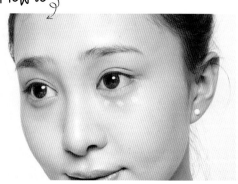

沿黑眼圈中部点涂遮瑕液

在下眼睑黑眼圈最明显的部位，即黑眼圈的中央部位点涂上遮瑕液，从眼角向眼尾点3、4处即可。遮瑕液涂得过多，久了易浮粉，只要少量点涂即可。

从眼角向眼尾轻抹开

用指腹从眼角向眼尾，沿点涂上的遮瑕液涂开。先不要向上、下涂，只需要将遮瑕液连接起来。

向下拍匀遮瑕液与周围皮肤衔接处

接着用指腹向脸颊方向，小幅度地轻轻向下拍按，注意不要蹭到黑眼圈中部，只将遮瑕液下缘与周围皮肤衔接处拍匀即可。

向睫毛根部自然过渡

最后向下睫毛方向，小幅度地轻轻向上拍按，将遮瑕液上缘向睫毛根部过渡开，涂抹均匀。

遮盖色斑——涂后不要拍按

隐藏色斑时，遮瑕膏涂得过薄就会无法完全遮盖。和遮盖黯沉或阴影不同，遮盖时，遮瑕膏要向周围没有细纹的部位延展开一些。最重要的一点就是涂遮瑕膏后轻轻将衔接处向周围晕开即可，不要拍按，一旦遮瑕层变薄，色斑就又会浮现出来。一般遮盖色斑适合使用遮瑕膏，如是点状色斑需要质地稍硬一些的遮瑕膏。

How to

在色斑处覆盖遮瑕膏

以看不到细纹的厚度为准，在色斑部位上覆盖一层遮瑕膏，之后不要再触碰遮盖的中央部位。

用遮瑕刷过渡衔接处

换干净的遮瑕刷，沿遮瑕膏的轮廓边际向外侧过渡，与周围肌肤自然融合。刷头不要触碰遮盖的中央部位，以免蹭掉遮瑕膏，影响遮盖效果。

重叠覆盖一层粉饼

在细纹部位轻轻地重叠涂抹一层粉饼即可，涂抹时不要拍按，否则容易导致遮瑕层变薄。

points

遮瑕膏与粉底的涂抹顺序是：使用粉底液时，先涂粉底液，再涂遮瑕膏；使用粉饼时，先涂遮瑕膏，再涂粉饼。BB霜、粉凝霜和粉底液的涂抹顺序相同。

毛孔应用指腹抚平

\Concealer/

一定要避免用涂抹厚厚的粉底或遮瑕膏的方法来遮盖粗大的毛孔！
油脂是毛孔的大敌，整个脸部都遮盖会显得非常老气。
在保持肌肤光泽感的同时来消除油脂。
毛孔明显的主要原因是油脂与暗影，
油脂会造成肌肤泛油光，毛孔处就会出现暗影而变得明显。

用毛孔专用妆前乳来对抗油脂，
通过涂粉底的特殊手法来消除暗影。

为了修饰毛孔，涂抹粉底时要上下左右将粉底薄薄抹开。
沿毛孔凹陷处形成一层薄膜，毛孔处反射形成的暗影就会消失。
这个手法在打底、补妆时都适用。

Finish

珍珠光泽妆前乳：细微珠光因子使
肌肤更显透明，富有立体光泽。

How to

1 先使用毛孔专用妆前乳，对抗油脂。
2 毛孔明显的地方，用指腹上下左右向周围轻轻晕开，消除多余
的油脂，借助粉底的光反射作用，使毛孔变得不明显。

快速变大眼睛

眼妆不费力

很多人深受明星艺人光鲜外表的影响，
用厚重的假睫毛与粗黑的眼线让眼睛显得很大，
其实在镜头与特效光线下，化得很重的妆也不会明显，
而在日常的工作、生活环境中，
眼妆化得过于抢眼就会不协调，毫无美感可言。

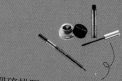

细碎描眼线、分段刷睫毛，
简单几步就搞定…

即使是很擅长化妆的人，
不留痕迹地让眼睛自然显得大而有神，
才是应追寻的化妆目的与至美境界。
初学化妆时最好从基础画法与不易出错的颜色开始，
即使手法不太熟练，破绽也不会过于明显。

颜色与质地变换
瞬间提升润泽感与层次

眼妆在整个妆容中举足轻重，
不过，只要把握住本章介绍的化眼妆的精妙之处，
用化繁为简却心机重重的手法，
呈现自然层次感、精致线条与细腻光泽，
即使在很紧迫的时间也可以从容画出好看的眼妆。

The basic eye make up
Eyelash
1

MAKEUP POINT

1 涂睫毛膏后可以让睫毛增长1.5倍，向四周延伸的上下睫毛，立刻使眼睛看起来更大更有神。

2 "仔细涂刷睫毛根部"是关键，如果为了加长睫毛而反复涂刷睫毛尖，睫毛会打结或塌落。

EYELASH CURLER&MASCARA
3秒×3段打造不塌落的3D睫毛

睫毛，是脸部唯一可以呈现3D变化的部位，
也是能最快强调出眼部立体轮廓的上妆关键。

（berore）

从睫毛根部夹睫毛、仔细涂刷睫毛根部
刷出呈放射状、充分展开的睫毛
是使眼睛看起来大而有神的最快捷方法

（after）

借助睫毛底液打造出根根分明、纤细而有分量感的睫毛，
如果感觉涂了睫毛膏后妆感偏浓重的话，
可以使用深棕色睫毛膏来调整更自然一些的色调。
涂睫毛膏的要点首先是睫毛根部要着重涂刷，然后向睫毛尖部滑动；
另一个关键就是根据希望展现的眼形来调整涂法。

▌涂睫毛膏前夹弯、涂后加固！

　　上翘的睫毛一点都不塌落，这就需要涂睫毛膏前夹睫毛，并借助电热卷睫毛器加固造型。

　　夹弯的睫毛从正面、侧面看都应该自然卷翘，如果只用睫毛夹向上夹一下的话，会使睫毛呈直角翻起，看起来很不自然。需要注意的是：夹子的弧度要能配合自己的眼睛，深眼窝适合弧度大的睫毛夹；眼窝平应选择弧度小的睫毛夹，否则很容易只夹到中间却夹不到两边。对于眼角或眼尾总夹不到的细小短睫毛，用局部睫毛夹更顺手一些。

　　如果有睫毛稀疏、内双眼皮、年龄导致的眼皮下压等情况，借助电烫睫毛器，如同用吹风机给头发做造型一般，在涂睫毛膏后，用烫睫毛器可以从根部将睫毛打理出自然持久的弧度。

points

局部睫毛夹：夹头较窄和弧度较小的样式，便于更精准地夹取短小睫毛。

睫毛夹：亚洲女性多数更适用弧度较小的睫毛夹。许多进口的睫毛夹弧度过大，应仔细选购。

电烫睫毛器：使用时打开开关，先加热约15秒，然后将前端置于睫毛上，轻轻地托起并保持约5秒后移开，根据需要的卷翘度重复以上操作。

根部 3 秒→中部 2 秒→梢部 1 秒

按"根部、中部、梢部"将睫毛分成3段并小幅度移动睫毛夹来夹弯整个睫毛。夹睫毛时，力道也要控制得当，才不会伤到眼皮。夹睫毛的力度从大到小排列分别为：睫毛根部、睫毛中部、睫毛梢部。

How to

分三段顺序夹弯是基本法则

将睫毛分成图中所示的1根部、2中部、3梢部三段，按照顺序分别将各段用睫毛夹夹弯，基本上力度是按顺序逐步递减，根部强、梢部轻。

先从根部夹，用5成力，夹3秒

把睫毛夹竖直地贴在脸上，用夹角贴合眼角的弧度，睫毛夹靠近睫毛根部将上睫毛夹住，用5成力，感觉借助胶垫的弹性来夹，保持3秒。

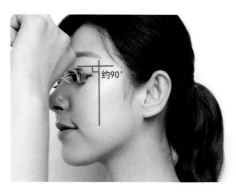

用2成力夹中部3秒

松开睫毛夹并移动，将睫毛夹移至睫毛中部，轻抬手腕使睫毛夹与脸部约呈45度角，夹3秒钟。不要夹的时间过长，否则容易将睫毛夹出棱角。

睫毛梢轻轻夹1秒

移动睫毛夹至睫毛梢处，使睫毛夹与眼皮呈90度角，夹梢部。只需要稍微用力夹1秒即可。

┃用睫毛膏仔细涂刷睫毛根部

　　睫毛膏要在睫毛根部停留几秒，使睫毛根部的睫毛液充足附着，之后向睫毛尖轻拉。如果想让睫毛显长而反复涂刷睫毛尖，会使睫毛尖显得厚重不自然。仔细涂刷睫毛根部，然后向睫毛尖轻拉，这样刷出的睫毛才能浓密又根根分明。

Foundation

▶ 纤维成分含量较多，快速提高睫毛纤长感。添加胶原蛋白、维生素E等成分，滋养并促进睫毛生长，使睫毛变密。油脂和蜡的成分较多，可以加粗睫毛直径。

浓密型睫毛膏　　　　3D立体睫毛膏　　　　卷翘型睫毛膏

STEP 1 基本要点

How to

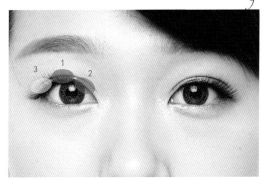
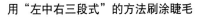

用"左中右三段式"的方法刷涂睫毛

将睫毛按不同部分进行不同方式的刷涂。中部的睫毛要向上刷涂，眼角的睫毛要向眉头方向刷涂，而眼尾的睫毛则要向太阳穴方向刷涂。

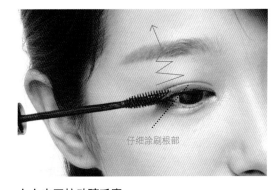

仔细涂刷根部

左右来回拉动睫毛膏

将睫毛膏贴近睫毛根部，停留3秒钟后左右移动刷头使睫毛膏充分附着在睫毛根部，然后向上提拉。睫毛根部要仔细涂刷，刷出来的睫毛才能浓密，根部的加粗加浓，还可以起到眼线的作用。

STEP 2 睫毛底液

刷睫毛膏前使用睫毛底液

夹睫毛后，先涂睫毛底液，不仅可以增加睫毛的分量，同时对睫毛起到滋养的作用。睫毛底液可以使每根睫毛变得更强壮，刷睫毛膏后睫毛会显得更加丰盈。

<u>point</u> 睫毛膏平行于地面，将靠近眼尾部分的睫毛向外侧拉伸，可以增加眼部横幅，使眼形显得横长，打造女人味十足的长眼形；将睫毛膏垂直于睫毛根部，将睫毛一根根向上拉伸，可以增加眼部的纵幅，给人可爱的眼部印象。

STEP 3 涂刷上睫毛

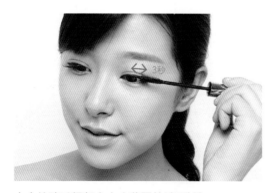 

中央的睫毛根部左右小范围拉动3秒钟

先涂刷中央部分的睫毛，将睫毛膏置于睫毛根部，小幅度的左右移动刷头，保持3秒，使睫毛膏充分附着在睫毛根部。

向睫毛梢提拉涂刷睫毛膏

睫毛根部至少涂刷3秒后，向睫毛梢的方向，向上提拉刷头。需要重复涂刷时，蘸睫毛液后先调整刷头上的用量，然后重复步骤1、2。

STEP 4 下睫毛打底

分别涂刷眼角、眼尾部位

睫毛膏分别置于眼角、眼尾部分的睫毛根部3秒，然后眼角斜向内、眼尾斜向外拉动刷头，使睫毛呈扇形展开。之后竖起刷头，沿睫毛生长方向纵向涂刷睫毛膏，增加睫毛长度。

下睫毛仔细涂刷睫毛底液

和上睫毛一样，下睫毛涂刷睫毛膏前要用睫毛底液仔细打底。从中部开始，之后涂刷眼角与眼尾部分。下睫毛非常短的地方也要仔细刷到，这样会让下睫毛增加分量感。

STEP 5 涂刷下睫毛

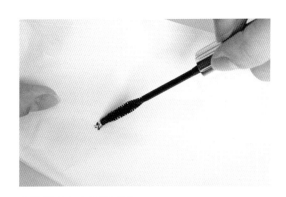

去掉刷头多余的睫毛液

涂刷上下睫毛前，都应先将刷头上多余的睫毛液拭掉，虽然看起来多了一步，但是这个小动作可以较好地避免刷头上的多余液体导致睫毛打结或蹭到眼皮上。

横向左右来回涂刷下睫毛

横握睫毛膏刷下睫毛，从眼角向眼尾左右来回涂刷。由于下睫毛一般比较短小，可以用另一只手轻轻下拉眼皮，使睫毛膏更容易涂刷到下睫毛根部。

梳通睫毛

仔细涂刷下睫毛

下睫毛较短较稀疏，竖握睫毛刷，用刷头的前端一根一根地仔细刷涂下睫毛，并且在梢部轻轻拉长。

梳理睫毛打结处

用睫毛梳梳理下睫毛，将结块的睫毛膏去除，只梳理靠近梢部的睫毛，保持睫毛根部的浓密度。

STEP 7 烫睫毛加固

Finish

用电烫睫毛器使睫毛长时间卷翘

电烫睫毛器预热后，先烫上睫毛的中部，将电烫睫毛器贴近睫毛根部保持2秒，注意一定要稍微离开睫毛根部，以免离得过近烫伤皮肤。然后以向上的弧度刷向睫毛梢部，固定睫毛的形状。最后用同样的手法分别烫眼角、眼尾部分的睫毛。

烫下睫毛

多数人的下睫毛都较为细短，难以打理出弧度，配合电烫睫毛器更易打理出弧度。将电烫睫毛器放在下睫毛根部保持2秒，然后再缓缓下拉，向下睫毛梢部移动，使睫毛充分定型。

The basic eye make up
Eyelash
2

EYELASH CURLER&MASCARA
短时间OK的MINI假睫毛

一般的假睫毛越靠近眼尾越长，会呈现下垂眼尾，
如果左右对调假睫毛，就可以增加眼部中央睫毛的长度。

对于自身睫毛较短的人，
把假睫毛尾端偏长的部分剪掉，会显得更自然。

如果对粘贴假睫毛不太熟练，
可以选择局部假睫毛，
或将假睫毛剪成三小段分别粘贴更简便。

（剪开）

（眼角）　（中段）　（眼尾）

（berore）

（after1）

中部偏长

将假睫毛左右对调粘贴，眼睛中部的假
睫毛偏长一些，这样可以增加眼部的纵
幅，使眼部印象更深刻。

（after2）

尾部偏长

假睫毛的尾端偏长，眼尾的轮廓会显得
有些下垂，就可以营造出很多年轻女孩
喜欢的下垂眼，但对于成熟女性，要注
意眼尾显下垂的弊端。

STEP 1 夹睫毛

How to

先夹睫毛做好准备

粘贴假睫毛前先夹好睫毛。用睫毛夹从睫毛根部开始，按72页的方法将睫毛夹出弧度。

STEP 2 准备假睫毛

粘贴一小段假睫毛更简便

使用局部假睫毛或将假睫毛剪成小段，一般的宽度为整个睫毛的1/3左右即可。注意如果剪成小段使用，根据粘贴的位置，分别选择假睫毛的眼角、中部、眼尾部分对应使用。

薄薄涂一层专用睫毛胶

在梗部涂抹假睫毛胶水，先薄薄地点涂一层，等胶水半干后再点涂第二层，要控制好胶水的用量，过多会导致结块，过少又会使假睫毛很快就掉下来。选择质量有保证的专用假睫毛胶很重要，否则会刺激眼部皮肤，甚至导致睫毛折断。

point　贴假睫毛前，用手指轻轻捏住假睫毛两端来弯曲假睫毛，反复弯几次，使假睫毛的梗部弧度更自然，便于后续粘贴时，更好的与自身眼部弧度紧密贴合。

STEP 3 粘贴假睫毛

粘贴假睫毛

将假睫毛偏长的一侧置于眼尾一端，紧贴自身睫毛的根部上侧，轻轻将假睫毛粘贴上。

用手指捏合根部消除缝隙

趁胶水未干之前，用指腹轻轻地捏住真假睫毛，利用手指增加睫毛的贴合度，消除根部的分层空隙，使真、假睫毛更好地结合为一体。

STEP 4 描画眼线

调整真、假睫毛的角度

用指腹轻轻调整睫毛的角度，使假睫毛的弧度与自身睫毛自然融合。

Finish

用眼线消除根部的粘贴痕迹

即使假睫毛胶水完全干透了还是会看得出来，用手指轻轻提起上眼睑，用黑色眼线液将睫毛之间的空隙填满，自然遮盖住贴合处即可。

The basic eye make up
Eyeline
1

MAKEUP POINT

1 眼线是强化眼部轮廓不可缺少的。描画眼线时，用手轻轻上提眼
　睑，使睫毛根部粘膜部分充分露出。

2 铅笔式眼线笔的笔芯较为柔软，运用"左右小幅度移动笔尖"的方
　式来填补睫毛间隙，便于描画出更清晰精致的线条。

EYE LINE
几笔填入描线更简单！

眼线主要是用来填补睫毛与黑眼球间的白色粘膜部位，
从而扩大黑眼球的面积，睫毛量看起来也显得更多。
所以，眼线应尽可能选择与黑眼球颜色接近的。
亚洲人的眼珠颜色一般是接近黑色的深棕色。

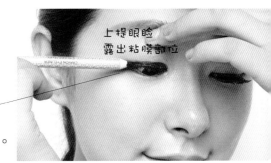

睁开眼睛时上睫毛下侧露出的粘膜部分，
及睫毛根部之间露出的肌肤部分用眼线填补。

下睫毛用眼线在睫毛生长部位点涂上颜色即可，下眼线描画过浓重会显得不自然。
如果想要增加眼部的宽幅，眼尾处的眼线加长描画。
一般的描画长度可延至眼尾约1厘米左右，可以照着镜子尝试一下。
不刻意描画出角度，沿眼睑轮廓延伸效果最自然。

Foundation

▶ 眼线笔比较适合选择柔滑细腻的
笔芯，使眼部皮肤触感舒适，避免
勾画时感觉疼痛。柔和的质地更便
于顺畅地描画出线条。棕色、茶色
和灰色的眼线笔也是经常用到的颜
色，可以提升线条自然感。

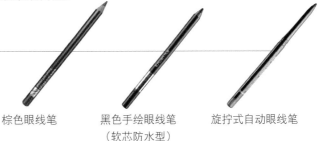

棕色眼线笔　　黑色手绘眼线笔　　旋拧式自动眼线笔
　　　　　　　（软芯防水型）

▌一条线决定美人印象！

内双眼皮或眼尾部的眼皮下垂的话，用睫毛夹先将睫毛夹卷
翘，然后沿睫毛根部描画眼线，眼尾处的眼线，像描画出一根有弧
度的睫毛一样（见图1）。

双眼皮描画眼线时，眼尾的眼线水平拉长。长出的眼线与下眼
睑之间的小三角区域，用颜色自然的棕色眼影填上，形成阴影（见
图2）。

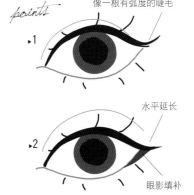

points

眼尾的眼线
像一根有弧度的睫毛

▶1

水平延长

▶2

眼影填补

STEP 1 姿态

How to

镜子置于视线斜下方

使用正确的描画姿势可以使眼线的描画更加轻松。将镜子置于下方，更容易看到睫毛根部的粘膜部位，用手轻提上眼睑，笔尖能准确地沿睫毛根部描画，填补空隙。

STEP 2 描画上眼线

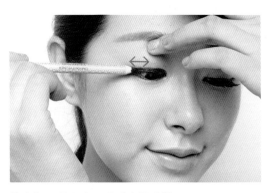

从中部至眼尾来回移动小幅度描画

用手轻提上眼睑，使睫毛根部的粘膜部位充分地显露出来，然后用眼线笔从眼部中央向眼尾，沿睫毛根部左右来回小幅度移动笔尖描画。

黑色防水眼线笔：附带有调匀刷头，笔头非常软，不会刺激眼部肌肤，拥有眼线胶般浓郁的色泽，比普通眼线笔更易上色。

从中部向眼角描画

用眼线笔再从眼部中央向眼角小幅度地移动笔尖描画线条。眼角处的眼线不要描画得过粗，否则容易晕妆而显得妆面较脏。

沿眼尾延长线水平勾画线条

从眼尾描画的眼线末端开始，沿眼尾延长线，水平向外描画3～5毫米眼线，眼尾不要顺眼形下拉，而是向上下眼睑延长线的交叉点稍拉长描画，进一步强调自然轮廓。

STEP 3 调整线条

用棉棒柔化线条

描画完眼线后，用棉棒（选择尖头棉棒更容易调整细节）轻轻沿眼线的外侧来回小幅度晕染，从眼角向眼尾，消除不平整的地方，注意只调整眼线外侧即可。眼尾的眼线用棉棒轻轻斜向上晕一下，使线条更自然柔和。

STEP 4 描画下眼线

下眼线酌情添加

用灰色眼线笔或眼线膏从眼尾到黑眼球外侧开始描画下眼线，眼尾与上眼线不衔接，使用灰色眼线可以使眼部轮廓看起来自然不做作。打造自然眼妆时可以不画下眼线，或用眼影刷、棉棒蘸少量眼影从眼梢晕开至眼部1/2处就可以了。

▮重叠描液体眼线提升光泽

　　用显色性良好的液体眼线笔，描画出的眼线线条比较明显，细细的笔尖适合勾勒纤细的线条，光泽的质感轻松塑造深邃眼妆。先用眼线笔描画眼线，然后用液体眼线笔重叠描画眼线即可。但是由于液体眼线不容易修改，略有些难度，最好先用眼线笔画好眼线后重叠描画，避免描画不平滑。眼线液非常容易着色，使用时可以分部位逐步勾画。

叠加勾画使轮廓变清晰

在眼线笔描画的基础上，用液体眼线笔重叠描画。用手指轻轻拉起上眼睑，沿睫毛根部用眼线液从眼角向眼尾轻轻描画一条顺直的线条。如果一气呵成描画的线条不顺畅的话，可以将眼线分为几段分别描画再衔接，更容易掌握。沿睫毛根部分别从眼尾到黑眼球边缘、眼头到黑眼球边缘、黑眼球中部描画眼线，并自然衔接上。

黑色柔滑液体眼线笔：极细笔尖连睫毛间隙及眼尾处睫毛根部都能简单顺滑地描画。

The basic eye make up

Eye Line

2

EYE LINE VARIATION
柔滑，画眼线一笔成型

如果感觉眼线笔有些粗犷或眼线液不好操控，
柔滑质地的眼线膏可以让画眼线变得更顺手，
它兼具了高显色度与易推开的两大优势，
配合平头刷可以描画出有微微渲染效果的线条。

先去除刷头
的多余膏体

多用途眼线膏/眼影膏：既可做眼线，也能做眼影。质地柔软，
兼顾显色度高及好推匀的两大优点。

选择平头刷，侧面可以呈一条线，便于调
整眼线粗度。描画时，从眼角下笔容易一
开始就涂厚重，先从眼珠外侧描至眼尾，
再补画眼角部位的眼线会比较适宜。

重叠涂黑眼球上方，中间最高，略成拱
形。眼尾上扬的高度不要过大，顺着眼尾
的弧度微微上扬才会显得自然。

84

EYE LINE VARIATION

加粗一圈，新手也能挑战

担心画后不容易修改而不使用眼线液？
其实只要换个方向就能快而有效地画出流畅线条，
用眼线笔事先画线打底，再描画眼线液更简单。
日常妆描画一次自然衬托出轮廓，
加强印象时只需要增大一圈使眼线加粗、加长。

 泪眼防水眼线液：专为泪眼设计，防水抗汗、防晕染。软毛笔
头，可以画出超细、自然的眼线，新手也很容易上手。

用眼线液前，可以先用眼线笔沿睫毛根部
粘膜描画内眼线，填补睫毛间隙。将眼线
液的笔尖放在眼尾处，沿着眼线笔描画的
线条一口气画到眼角。

增加线条的宽度或长度，可以加强眼部印
象。在画好的眼线上方再画一条线，最粗
的地方不超过1.5毫米。眼线末端可以根据
眼尾睫毛的角度延长并稍向上挑一些。

85

EYE LINE VARIATION

眼线画不平滑的快速修整

描画眼线可以让眼睛看起来更大，消除单调印象。

画眼线的方法多种多样，首先要记住"视线向下、上提眼睑"

为了使画好的眼线更精致、自然，

"修整""重叠描画""匹配眼形"也尤为重要！

✎ 画点状印记后衔接

　　如果手法不熟练眼线就很容易画得疙疙瘩瘩，很不平整，描画小线段后用棉棒衔接上，效果自然、也更容易画好。画眼线后，用棉棒轻轻地沿眼线上沿滑动晕匀线条，可以快速修整描画过粗或画的不平整的地方。

STEP 1 　画小线段

眼尾画约5毫米宽的点状印记

不从眼角开始描画，而是先用黑色眼线笔，在靠近眼尾的部位，画宽约5毫米的点状线段，沿睫毛根部描画，作为第一个眼线印记。

向眼角处画点状印记

用手轻提上眼睑，使睫毛根部的粘膜部位充分显露出来，然后用眼线笔从眼尾向眼角，沿睫毛根部小幅度移动笔尖，隔一小段距离描点。

STEP 2 用棉棒衔接

用棉棒衔接点状印记

在眼线未干燥前，尽快用干净的棉棒，沿画好的点状印记滑动晕染，从眼角至步骤1眼尾处的第一个印记为止，将点状线段自然衔接上。

晕染眼尾的线条

将最初在眼尾描画的点状印记，用棉棒向眼尾外侧延伸晕开。配合另一只手将眼尾皮肤轻轻拉开，使线条的晕染更顺畅。

▮ 用眼影粉重叠描画

　　眼影粉描画的线条有晕染的效果，在用黑色眼线笔描画好的线条上，用颜色自然的棕色眼影重叠描画，不同质地的融合与颜色的过渡，可以强调出更深刻的眼部轮廓。

How to

用棕色眼影粉重叠描画眼线

使用收敛色的棕色眼影，用海绵棒的前端蘸取。

沿黑色眼线重叠描画做出渐变效果

在黑色眼线笔画好的眼线上重叠描画棕色眼影，使原本单一的黑色线条呈现出浓淡渐变的过渡感，增加了眼线的质感与立体效果。

┃用棉棒描眼线很简便！

用眼线笔画的线条感更强，适合塑造清晰的眼部轮廓。比起用眼线笔直接画，棉棒描画的眼线看起来更柔和，适合打造自然感眼妆。

用棉棒着色

用啫喱状眼线笔涂抹棉棒的尖端。使用笔芯柔软顺滑的眼线笔便于将颜色涂在棉棒上。涂抹范围不要过大，以免线条过粗不好掌握。

来回移动棉棒小幅度描画眼线

从眼尾至眼角沿睫毛根部描画。由于棉棒的着色有限，直接画一条眼线容易描画过浅，边小幅度移动，边左右来回移动棉棒，更容易描画出线条感。

┃眼线长度由"下眼睑"决定

眼线终点位于下眼尾的延长线上。画自然眼妆只画上眼线时，上眼线在眼尾处一般不要拉长；如果下眼睑上妆的话，上眼线就可以延长出眼尾，需要注意的是，吻合眼形的眼线长度，应在下眼睑的延长线上。

关键点

上眼线终点在下眼睑的延长线上

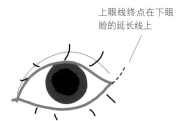

用眼线笔点涂下睫毛间隙，或像画睫毛般在自身睫毛间隙细细描画，使下眼线的效果尽可能自然。

上眼线拉长时，在下眼尾处，用眼线笔或眼影填补小三角形区域，与上眼线的延长处衔接上。

填补小三角形区域

EYE LINE VARIATION
单眼皮、内双眼皮的眼线

画眼线要结合眼皮的特点来描画。
眼皮褶皱隐藏的单眼皮，眼角单眼皮、眼尾双眼皮的内双眼皮，
基本画法和其他眼形一样要"沿睫毛根部粘膜描画"，

**重点是根据眼皮特点来调整眼线粗细度，
并遵循以"睁眼时的状态"为准的法则。**

┃内双眼皮——眼角粗、眼尾细

　　眼角褶皱不明显而眼尾能看到双眼皮的内双眼皮，通常显得上眼睑水肿并显得眼睛小，由于双眼皮幅度较小且一般只在眼尾处可以看到，描画眼线时双眼皮的部分要描得细一些，否则睁开眼时，超过双眼皮的眼线会被遮盖本来可以看到的双眼皮，从而突显不出放大的效果。

眼角粗、眼尾细

关键点

眼角描粗一些

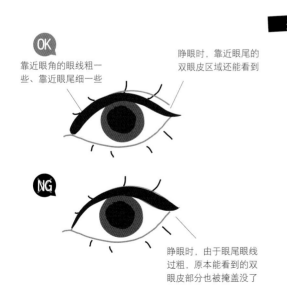

OK
靠近眼角的眼线粗一些、靠近眼尾细一些

睁眼时，靠近眼尾的双眼皮区域还能看到

NG

睁眼时，由于眼尾眼线过粗，原本能看到的双眼皮部分也被掩盖没了

内双眼皮靠近眼角一侧的眼皮重合，眼尾一侧能看到双眼皮。画眼线时，靠近眼角一侧的眼线和描画单眼皮眼线一样，描得稍微粗一些，靠近眼尾逐渐收细，以睁开眼时，眼尾的眼线不会完全遮盖住双眼皮区域为准。

▌单眼皮——适当加粗

　　单眼皮的上眼睑较厚重，眼形大部分看起来会有些肿眼泡。一般单眼皮的眼形偏狭长，纵幅较窄，应适当加粗上眼线，再利用眼影来增加纵宽，使单眼皮眼睛更大更有神。但要注意，眼线要沿睫毛根部仔细勾勒，眼线的粗度以睁眼时稍微可以看到为准，避免描画过粗而导致睁眼时黑色线条过于明显的超出眼皮，反而显得眼睛小。

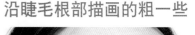

沿睫毛根部描画的粗一些

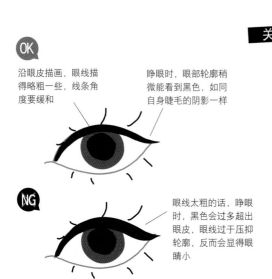

OK

沿眼皮描画，眼线描得略粗一些，线条角度要缓和

睁眼时，眼部轮廓稍微能看到黑色，如同自身睫毛的阴影一样

NG

眼线太粗的话，睁眼时，黑色会过多超出眼皮，眼线过于压抑轮廓，反而会显得眼睛小

角度缓和、略粗

　　单眼皮一睁开眼，眼睑处就会被褶皱隐藏起来，所以在画眼线时，可以画得粗一点，以睁开眼睛的眼皮为准。从眼角向眼尾尽量贴着睫毛根部的粘膜描画，使略粗的眼线与睫毛融合为一体，就像睫毛根部形成的阴影一样。

黑眼球上下扩大纵宽

 OK

收敛色眼影主要为了扩大眼部的纵向宽度，黑眼球上方粗一些

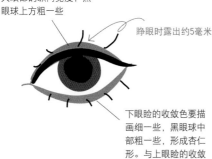

睁眼时露出约5毫米

下眼睑的收敛色要描画细一些，黑眼球中部粗一些，形成杏仁形。与上眼睑的收敛色同时起到扩大纵向的作用。

黑眼球上方粗一些

黑眼球下方粗一些

　　用收敛色重叠描画上眼线并仔细一些描下眼线，这个步骤主要是为了扩大眼形的纵向宽度，但是和眼线一样，收敛色眼影涂抹过宽的话，反而容易显得眼睑肿，必须睁眼确认宽度是否适中。

The basic eye make up
EYE LINE
6

EYE LINE VARIATION
修饰眼形的眼线应用

缺少眼线的眼部多少都会导致脸部印象显得单调，
作为令双眼显得大而有神、威力巨大的眼线，其画法多种多样，
但都需要结合修饰眼形及想要获得的妆效来调整。

"黑白线条"美瞳效果加倍

"黑眼球与白眼球的鲜明对比"是令双眸
楚楚动人，呈现润泽眼妆的关键。使用黑色与
白色两种颜色，强调眼部轮廓的同时，为眼部
带来水润质感。

STEP

How to

眼线膏勾勒内眼线

用眼线刷蘸取眼线膏，沿上睫毛根
部描画眼线，边小幅度的左右移动
刷头边勾勒。

黑色眼线上勾勒白色眼线

沿描画好的黑色眼线上，用光泽感
珍珠白色眼线液勾勒眼线，双重眼
线不要超过双眼皮的范围。

下眼睑晕染白色眼影

用海绵棒蘸取白色眼影，略宽幅地
晕染整个下眼睑，衬托出黑眼球的
润泽感。

拉长眼形的上扬眼线

上扬眼线比较适合丹凤眼和杏眼的眼形，眼尾上扬的角度是描画眼线的重点。先将所要描画的角度做好记号，加粗的上扬眼尾打造充满魅力的双眸，集魅惑与女性的优雅为一体。

Before   After

How to

从中部向眼角描画内眼线

用黑色眼线液先从眼部中间开始向眼角方向勾勒内眼线，如果直接从眼角开始描画，可能会使眼线变得过粗。

从中部向眼尾描画

从刚刚描画的部位开始向眼尾勾勒眼线，用黑色眼线液沿着睫毛根部描画眼线。

拉长眼尾处的眼线

用黑色眼线液从眼尾处开始将眼线拉长，将这部分眼线当做画下眼线的延长线描画。

加粗眼线中部与末端

将眼线末端到眼线中部间的眼线稍稍加粗，先将眼线末端与中间连接起来，然后将中间的空隙填满。

填补眼线的空白

最后用眼线液将上睫毛间隙的空白填满，因为眼线液中有一定的水分，所以粘膜部位用眼线笔填充。

❘下垂眼线柔化印象

　　眼尾上扬的丹凤眼容易给人留下犀利的印象，通过下垂效果的眼线可以快速弥补，眼线笔是最佳选择。强调上眼线的前半部分与下眼线的后半部分，缓和而自然的下垂感，是描画眼线的重点。

Before　　After

STEP

How to

从眼角向中部描画眼线

将黑色眼线笔紧贴于睫毛根部，从眼角开始描画至黑眼球的中部，可以描画得稍稍厚重些。

向眼尾描画时略微向下拉长

用眼线笔从黑眼球中部开始，向眼尾继续描画眼线，描画眼尾时，沿眼睛线条顺势将眼线向下画，使尾部自然下垂。

眼角至中部沿粘膜描画下眼线

将下眼睑眼角的眼皮向下拉，用眼线笔从眼角开始勾勒粘膜部位至下眼睑中部。

中部至眼尾沿睫毛根部描画

下眼睑后部的粘膜部位不要描画，接着刚画的内眼线，沿着睫毛根部描画至眼尾。

填补眼尾三角形区域

用棉棒将下眼线的尾部向眼角自然晕染开，将上、下眼尾的眼线自然地连上，并用眼线液将眼尾三角区全部填满，加深眼尾眼线的颜色。

修饰大双眼皮的弧形眼线

过宽的双眼皮，眼角的褶皱与眼角分离，通常显得眼睛水肿、黑眼球相对显小，描画眼线的关键是强调中部的粗度，但是不要整个眼线都描粗，否则会使双眼皮被遮盖，适得其反。

Before　　After

How to

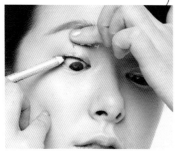

描画黑色内眼线打底

用黑色眼线笔沿睫毛根部小幅度地左右移动笔头，以埋入的方式仔细填补睫毛间隙。

重叠描画强调中部粗度

上眼线重点描画黑眼球中部至眼尾的一段。用眼线笔沿内眼线加粗线条，黑眼球对应的位置最粗，向眼尾逐渐收细，不用拉长。

重叠描画并水平拉长眼尾

用黑色眼线液重叠描画眼线，提升光泽感。沿眼尾轻轻延长线条，不要顺眼形向下拉，用笔尖勾勒出从描画的眼尾末端，向下眼尾方向折回描画线条，形成一个小三角形区域，然后用眼线液的尖端仔细填补小三角形中的空隙。

下眼线用棕色眼影晕染

用棕色眼影沿下睫毛，像描眼线一般晕染，从黑眼球靠近眼角一侧开始至眼尾。

强调内眼角缩短眼距

眼距过宽会使人看起来没有精神，这种状况用眼线可以弥补。用眼线填补内眼角的空白，眼线要画得细一些。需要特别注意的是，如果只在靠近眼尾部位使用较浓的眼影或眼线反而会使眼距变宽。

Before　　　　After

STEP

How to

用黑色眼线膏勾勒内眼线

用眼线刷蘸取黑色眼线膏，从眼角开始沿着睫毛根部一点点地勾勒出基础上眼线。

用黑色眼线描画眼角

用手指轻拉鼻侧皮肤，使眼角处的粘膜露出，用黑色眼线笔仔细沿粘膜将眼角泛白处填满。

点涂描画下眼线

用眼线刷将黑色眼线膏从下眼尾开始向眼部中央勾勒内眼线，以点涂方式填补下睫毛的间隙，空出眼角部位。

描画下眼角

然后再将内眼角下的眼皮轻轻下拉，用眼线刷将黑色眼线膏填补在下眼角的空白部分。

重叠晕染棕色眼影

最后用眼影刷将棕色眼影分别重叠晕染描画好的上、下眼线，使眼线看起来更自然，提升层次过渡。

95

EYE LINE VARIATION
微调眼尾角度，拯救眼形

眼线能非常简便、自由地改变眼形，
画眼线之前先确认眼尾角度，
眼线末梢的长短与粗细，
平行抑或上扬，
都直接影响了眼睛的形态与印象。

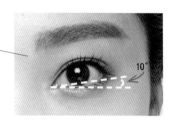

❘ 眼尾微调就不同

只描画上眼线时，眼线终点落在眼尾处，不拉伸，呈现自然柔和的眼部印象（见图1）。对于初学者，描画黑色眼线容易显得线条生硬，脱妆也很明显，选择颜色自然的茶色或棕色眼线笔，描画后会显得更柔和一些。描画下眼线或涂下眼影时，上眼线末梢可以拉长1毫米～2毫米或3毫米～5毫米，呈现眼部魅力（见图2）。眼尾的眼线尽量一气呵成，不要来回描画，线条才能流畅。为了使效果更佳明显可以先用眼线笔打底。

▶1

▶2

❘ 衔接眼尾小三角形

用眼线笔将上、下眼线在眼尾处自然衔接时，从眼线末端向下眼尾方向折回描线，形成一个小三角形区域，接着用眼线笔仔细地填上颜色。打造自然眼妆时可以不画下眼线，用眼影晕染下眼尾1/3部分即可。这样，眼尾延长的部分看起来就不会显得生硬。

❘ 眼线末梢

想画长一些的眼线，但是终点落在哪里才能不呆板？适合眼形的眼线长度取决于"下眼尾延长线"，也就是眼线末梢要沿"下眼尾的延长线"拉伸。

▌水平眼线拉长眼尾

以眼线为主的眼妆，由于后期需要晕开，首先就要注意选择质地顺滑且易于延展的眼线笔，以晕染的手法涂抹，减弱犀利感。虽然可以使原本上翘的眼尾稍低垂，但眼尾画得太低会显得有疲惫感，拉长眼线时要协调眼角，尽量画在同一水平线上。

How to

用黑色眼线笔描画基础眼线

用黑色的眼线笔沿着睫毛根部从眼角开始向眼尾方向勾勒出纤细的上眼线，以可以填补睫毛间隙的程度勾勒。

加粗并水平拉长眼尾5毫米

用手指轻拉鼻侧皮肤，使眼角处的粘膜露出，用黑色眼线笔仔细沿粘膜将眼角泛白处填满。从眼部中央开始加粗上眼线，眼尾部分水平拉长，有如上睫毛被延长的感觉。

眼尾晕染小三角形

以上眼线眼尾为基准，用黑色眼线笔从上眼线末梢折回至下眼尾，在眼尾形成小三角形，并用眼线笔填补空白处，晕染出眼影的感觉。

The basic eye make up

Eye shadow

1

MAKEUP POINT

1 眼部决定了脸部印象。只要涂抹上眼影，眼部的深邃感就会立刻呈现出来。亚洲人的眼睑缺少立体感，即使画淡妆时，也最好使用有细腻光泽的颜色并且与肤色融合度高的眼影，只用指腹简单涂抹就会让原本无神的眼部呈现出立体深邃的生动眼妆。

2 掌握适合自己眼部特点的画法，巧妙运用眼影的颜色，水润的光泽营造出自然层次感，配合眼线与睫毛膏，就能显得眼睛大而有神。

EYE SHADOW
淡→浓的顺序

画眼影的主要目的就是展现出眼部的深邃感，

基本上按淡→浓→中间涂抹不会出错；

但如果本身眼部轮廓就很立体，画自然妆时按
高光色→中间色→影色的顺序涂抹；

如果自身眼部轮廓较模糊的话，就要反过来按
影色→中间色→高光色的顺序晕染。

高光色

亮色

中间色

影色

偏深的收敛色眼影可以发挥眼线的作用，使眼睛的轮廓更加清晰。

涂眼影时，起到高光作用的，颜色淡一些的亮色眼影可以用手直接涂抹。

涂深色眼影或需要描画纤细一些的线条时，

使用海绵棒或眼影刷可以更细腻的顾及到细节之处。

Foundation

▶ 眼睑打底提亮的"亮色"、眼部轮廓收敛的"影色"、介于两色之间的"中间色"、用于局部提升亮度的"高光色"，配有上述的同色系4种颜色的眼影盒是基本选择。

魅惑五色眼影

透光美肌眼影

四色珠光眼影

▌混合颜色更多变换！

应选择一个色系的眼影盒，亚洲人推荐使用与融肤度较好的棕色系。其他颜色使用时也应遵循同色系原则，如粉色与紫色、棕色与米色、茶色与墨绿色等。一个眼影盒，根据喜好来混合调色可以尝试更多颜色的变换。用眼影棒在手部混合两种颜色，调和眼影后要确认一下混合后颜色的深浅度是否合适。上眼影前在手背上调试一下颜色与用量，着色也会更自然。

points

"层次感"是涂好眼影的基础

眼影的分布区域与颜色搭配决定了眼妆的整体印象，即使只用一个颜色，借助层次变化，也能打造出立体眼妆。涂抹眼影遵循浅色→深色→亮色的顺序，基本上"浅色"用于部位大面积提亮；"深色"用于睫毛根部收敛轮廓，也就是越靠近眼睑边缘，加入越深的颜色，这样眼影的色泽会形成自然过渡，才能使眼部显得深邃。

（确定眼窝位置）

▲ 位于眼球与眉弓（眉毛下方骨骼）交界线所在的凹陷部分。眼窝深会感觉眼神很深邃。闭眼，用手指触摸便于找到眼窝。

眼影分布示意

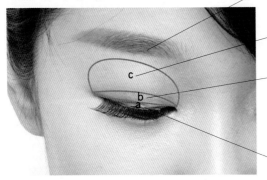

为了强调上眼睑凸出部位与眼窝凹陷处的深邃感，涂抹"亮色c"营造出阴影效果。

使用"影色"与"亮色"之间的"中间色b"涂抹在上眼睑双眼皮部分，由睫毛根部向上3、4毫米，颜色的过渡，打造自然层次感。

用具有收敛效果的"影色a"沿眼部轮廓的睫毛根部涂抹，宽度一般为2、3毫米。

眼睛自然睁开，眼睛中部高度与眼皮纵向宽幅（即图中标示的高度①与②）的比例为1：1时，眼睛会显得大而协调。

眼皮较宽时：眼皮宽一些涂深色眼影，增加眼睛高度。

眼皮较窄时：深色眼影沿眼睛轮廓细细涂抹，强调轮廓并尽量避免深色从视觉上减少眼皮的宽度。

a 影色

b 中间色

c 亮色

d 高光色

靠近眼角1/3部分用"影色a"打造阴影效果，提升立体感。

下眼睑靠近眼角2/3部分沿睫毛根部涂抹"亮色c"，宽度一般为2、3毫米。

眼角用"高光色d"提升透明感，呈"＜"形涂抹2、3毫米的范围。

▌薄→浓→中间是基本涂法

从上睫毛根部越向上颜色越轻薄的"渐变"涂法是涂眼影的基础方法。用"渐变色"轻松打造立体印象。

影色

亮色

中间色

高光色

（使用眼影）

影色

STEP 1 打底

用遮瑕霜打底提高显色度

在上眼睑点涂眼部专用底霜，用指腹由内向外轻抹均匀，使后续眼影色更饱满。

防水眼影打底膏：细腻珠光提亮眼部，持久服帖 —

用少量散粉调整眼睑肌肤清爽质感

遮瑕膏的油分易导致涂眼影时结块，用粉扑轻按薄薄的一层散粉，去除眼睑上多余的油分，使眼睑肌肤更柔滑，便于后续涂抹眼影时更易均匀着色。

STEP 2 亮色

用接近肤色的"亮色"眼影打底

用海绵棒蘸取眼影盒中的"亮色"眼影如米色、奶白色等可以一扫眼底黯沉。时间紧张时可以用指腹涂抹，通过触摸感觉眼窝范围，不容易出错。

涂抹整个眼窝部分提亮

先用接近肌肤色调的"亮色"眼影打底。大面积涂抹眼窝部分，强调出上眼睑凸出部位的立体感，薄薄地均匀晕开是眼妆的要点。

2毫米幅度

用"影色"收敛眼部轮廓

用海绵棒蘸取具有收敛效果的"影色"。用海绵棒大面积涂抹眼影时用刷头的宽面蘸取，窄幅涂抹时用刷头的尖部，变换眼影刷的角度更顺手。

细一些沿睫毛根部涂2毫米幅度

从眼角向眼尾细细涂抹眼影，紧贴着睫毛根部，涂抹宽度约2毫米即可。深色部分要窄一些，沿上睫毛边缘呈线状涂抹，颜色不要过浓重，否则反而会框住眼睛，显眼小。如果线条涂得不够平整也不要紧，后续重叠涂抹时就能调整自然。

STEP 4 中间色

STEP 5 下眼尾收敛

双眼皮范围

用"中间色"过渡

用海绵刷蘸取"中间色"眼影，涂抹在"亮色"与"影色"之间，完成眼睑从上向下的淡到重的渐变效果。沿步骤6涂抹的影色上方，重叠涂抹"中间色"眼影。涂抹范围为双眼皮的宽度。之后用眼影刷轻轻将"影色"边线晕染开，使颜色过渡自然。

眼尾1/3用"影色"加深

用海绵棒蘸取"影色"眼影，在下眼睑靠近眼尾1/3部分涂具有收敛作用的"影色"眼影，从眼尾向眼角方向移动刷头，细细地像画线般涂抹。这样可以使眼尾的颜色较深，强调出目光的深邃感。

STEP 6   下眼睑提亮

眼角3/2部分
的泪袋线

衔接眼尾的"影色"

接着步骤8，用海绵棒填补眼尾处上下涂抹的"影色"眼影空隙，衔接眼尾处的"影色"，更好地强调出立体感。

point　晕染下眼影时，不要涂抹整个下眼睑，否则容易显得呆板，只要窄幅涂抹黑眼球至眼尾即可。也可以只涂黑眼球下方，显得黑眼球更醒目。

下眼睑靠近眼角3/2用"中间色"提亮

用眼影棒蘸取"中间色"眼影，涂抹下眼睑距离眼角3/2部分，沿下睫毛根部呈线状向眼尾涂抹，这样可以让下眼睑轮廓更清晰，同时提升眼神的明亮度，使眼妆更有整体感。从眼角至黑眼球下方的泪袋线，在这个部位涂抹具有高光效果的珠光眼影粉，可以起到美瞳的作用。

STEP 7   眼角提亮

STEP 8   眉下提亮

"亮色"眼影提升透明度

眉头正下方至眼角，用"亮色"眼影描画"＜"形集中提亮，提升眼部透明度，以包围住眼角的方式涂抹。如果感觉涂后颜色过亮显得不自然，可以用指腹将眼影轻抹晕开即可。

眉下晕开"亮色"

用眼影刷蘸取"亮色"眼影，与步骤6涂抹的"中间色"眼影略重合，在眉毛下方与眼窝之间大面积涂抹。从眉头向眉尾一气呵成，不要来回涂抹导致着色过厚显得亮色过于突兀。

MAKEUP POINT

1 只需要在上下眼睑中央简单涂抹"圆形高光色"，集中的光线，就能轻松强调出眼睛的圆度，让瞳孔看起来更纯净，无论谁都适合。

2 粉色是打造柔和印象的女性色，但为了避免大面积涂抹粉色可造成的肿胀感，选择含细腻珠光粒子的粉色眼影，同时要用眼线、棕色眼影来收紧眼部轮廓。

EYE SHADOW
3秒美瞳！圆形高光强调圆度

在渐变效果眼影的基础上，只需要：

将"高光色"眼影圆圆涂在眼睑中央，

短短几秒钟，借助光线的集中就可以让瞳孔看起来更漂亮。

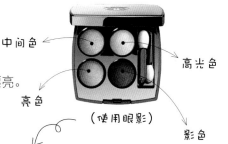

中间色
高光色
亮色
（使用眼影）
影色

STEP

How to

眼窝涂"亮色"的粉色眼影

将粉色的"亮色"眼影轻薄地涂抹在整个眼窝，使用含细微珠光粒子的亮粉色眼影使眼部更显透明。

细一些涂"影色"的棕色眼影

将棕色的"影色"眼影沿睫毛根部描画出一条细线。眼皮边缘用棕色等收敛色可以消除膨胀感。

下眼睑用"中间色"提升洁净感

用"中间色"眼影从眼角至眼尾涂抹下眼睑部位，略宽一些涂抹，提亮下眼睑后，眼妆看起来更整洁。

 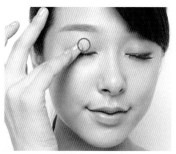 

下眼睑中央圆形涂"高光色"

将"高光色"眼影呈圆形涂抹在下眼睑的黑眼球正下方，面积不超过黑眼球大小。

眼窝中部圆形涂"高光色"

用指腹将"高光色"眼影呈圆形涂抹在黑眼球正上方的眼窝中部，面积略大于黑眼球大小。

强调中部睫毛的存在感

最后用黑色睫毛膏刷上下睫毛。中部的睫毛反复涂刷强调出长度，纵向加大眼部的幅度。

Eye shadow
3

MAKEUP POINT

1 下垂眼妆将颜色移到下眼尾部，整体线条往下延伸，在视觉上加重眼尾的存在感，打造出看起来像在笑的弯月形垂眼。和上扬效果的眼妆同样可以起到大眼作用，只是借助眼尾微垂的"笑眼"，让眼神温柔而令人倍感亲近。

2 用眼影晕染下眼睑靠近眼尾1/3处，需要注意的是眼影要和整个眼妆的色调相呼应，才能打造出自然微垂的延伸效果。

EYE SHADOW
暖心的下眼尾1/3深度

微微向下的眼尾让眼神看起来像在笑……
只需要把重点放在强调下眼尾的存在感,
淡雅薰衣草色眼影,简单描画就能呈现柔媚眼神。

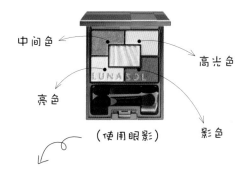

中间色
高光色
亮色
影色
(使用眼影)

| STEP |

How to

眼窝涂"亮色"眼影

将薰衣草色的"亮色"眼影用海绵棒涂在整个眼窝。淡雅的紫色调可以修饰眼部泛黄暗沉的肤色。

眼尾　水平延长2毫米

黑色眼线水平延长2毫米

用黑色眼线膏或眼线液,沿上睫毛根部描画眼线。眼尾沿自身眼皮轮廓水平向外稍拉长约2毫米。

双眼皮范围重叠涂"影色"眼影

用深紫色的"影色"眼影,沿步骤2的眼线重叠涂抹,长度与眼线一样,宽度为双眼皮的宽度。

下眼睑涂"中间色"

将淡雅的浅粉色"中间色"眼影从眼角至眼尾宽一些晕染下眼睑,提升眼部的透明感。

眼尾1/3部分添加"影色"

下眼睑不画眼线,用海绵棒将偏深的"影色"眼影涂抹下眼睑靠近眼尾1/3部分。注意与拉长2毫米的眼线自然衔接上,眼尾处不留余白。

眼尾粘贴睫毛强调下垂感

靠近眼尾1/3部分粘贴假睫毛,局部加长眼尾睫毛。贴时沿眼尾弧度稍向外贴一点,借助眼尾卷翘的睫毛使下垂眼效果更明显一些。

The basic eye make up
Eye shadow 4

MAKEUP POINT

1 掌握层次分明、厚薄不同的立体涂法，即使只用一个眼影色，也不会显单调，双眼依旧大而有神。与多色眼影的使用相比，颜色与涂法更简单，隐隐透出简练不奢华的眼神。

2 对于偏黄、暗沉的肤色，颜色适宜选择与肤色融合度高的中性色，如棕色、咖啡色或鲜亮一些的浅色眼影。尽量避免偏灰或偏蓝的色调，会让眼妆看起来显暗淡。

EYE SHADOW
一个颜色也漂亮

单色眼影相对多种颜色的搭配更简单一些，基本上适用于所有眼形，
只用一个颜色时在涂法上要营造出立体感：

重点在于掌握层次变化的立体涂法，
使单色眼影发挥最大效果。

即使只有一个颜色，选择的色彩范围也很大，
但其中最实用的当属中性色（棕色等）、明亮色（象牙白色等），

棕色→使眼部轮廓看起来更深邃、有韵味。
珠光象牙白色→提亮眼周、衬托美瞳、打造华丽的眼部印象。

薄薄的、层层晕染的单色眼影也能让眼睛显得十分立体，
毫不花哨地透出洒脱随性的表情。

Foundation

▶ 肤色偏黄、暗沉的话，尽量不选择偏灰、偏蓝的颜色，会让眼妆看起来暗淡、显脏。具有细腻光泽感的中性色、亮色更显洁净。

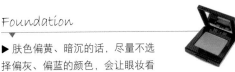

棕色眼影　　柔光米色眼影　　珠光白色眼影膏

▌中性色强调立体轮廓

　　涂单色眼影要避免晕染范围过大，尽量将色彩集中在眼窝内侧。

　　使用有收敛效果的单色眼影时，先沿上睫毛向上薄薄晕染一层，画眼线后再用同色眼影沿眼线宽一些涂抹，可以凸显层次，在眼线上刷眼影能避免眼线因出油脱妆。

points

STEP 1　上眼睑

眼窝由下向上涂单色眼影

用眼影刷蘸取具有收敛效果的棕色眼影，由睫毛根部开始向上晕染整个眼窝，使颜色由下向上、由深向浅自然呈现渐变效果。化淡妆时，选择具有细腻光泽的浅一些的眼影色，可以避免眼睑色调过深显得厚重。

眼皮褶皱内侧晕染同色眼影

用小号眼影刷蘸取同色眼影，重叠涂抹睫毛根部来增加眼妆的层次感。从眼角向眼尾紧贴睫毛根部涂抹，宽度不要超过双眼皮。

STEP 2　下眼睑

画细线般晕染下眼睑

用同色眼影沿下眼睑轮廓从眼尾向眼角涂抹，范围不要过宽，像画线般细一些涂抹眼影。上下眼影的相互呼应，使眼神更显深邃。

STEP 3　加强收敛

加强眼窝与眼角的深度

在眼窝中央用同色眼影呈圆形涂抹，凸显层次，强调出上眼睑的立体感。再次用同色眼影小面积晕染上下眼角，强调眼部的轮廓。

指腹涂抹最简单

　　直接涂颜色明亮的单色眼影不仅可以作为眼影提亮眼周，还当做打底色使用，即能消除眼周黯沉，又能提高后续粉状眼影的显色度与贴妆度。用指腹涂抹眼影是最简单的涂法，不受眼形限制。配合涂抹、拍按的手法，可以使眼影与肌肤更贴合紧密，涂抹后也会更均匀。

STEP

用指腹蘸涂眼影很方便

用指腹涂抹眼影十分方便，涂抹时指腹与肌肤接触可以感受眼窝的位置，并可以快速将眼影涂抹均匀。

薄薄地涂抹上眼睑

从睫毛根部上方开始，用指腹轻轻左右来回涂抹，从下至上将颜色淡淡晕开。

按压并淡开边缘

用指腹轻轻按压，使眼影与肌肤更持久贴合，注意眼睑边缘的颜色要用指腹淡开。

细一些涂下眼睑

用海绵棒蘸取同色眼影，沿下睫毛根部从眼角向眼尾呈线状细细地涂抹眼影之后，描画眼线并涂抹睫毛膏，完成整体眼妆。

┃细微光泽点亮眼神

具有细腻光泽感的象牙白色、米色等单色眼影，单独使用就可以简单消除眼周黯沉，重点在于先用遮瑕液矫正眼周黯沉肤色，使浅色眼影的显色度更好。

珠光眼影打亮眼窝

用眼影刷蘸取具有细微光泽感的象牙白色眼影，薄薄地涂抹在眼窝部位，涂抹范围不要过大。边缘处的颜色用指腹淡化掉。

提亮整个下眼睑

从眼角向眼尾涂同色眼影，眼影的宽度约5毫米，眼角、眼尾与上眼睑的眼影衔接形成包围效果。用黑色睫毛膏刷上下睫毛，与白色光辉相得益彰。

The basic eye make up
Application 1

SINGLE EYELIDS

单眼皮不费力放大1.5倍

很多东方人由于眼睑无法形成褶皱形成"单眼皮"
如果脂肪量过多，眼睛看起来就会显得肿胀、睫毛向下斜。

张弛有度地强调纵、横，扩大眼形，
眼睛显大了又丝毫不损失自然感。

让眼睛的整体轮廓看起来自然舒服，就是最适合的完美眼皮。

简单一抹更惊鸿

为了让眼睛变大变漂亮，大多数人想要通过眼妆来改变，这也往往会导致眼妆化得过重，看着很不舒服。重点修饰眼皮肿账、眼形尖锐，让眼睛看起来自然就是最美的。

（眼皮特点）
- 从眉毛到眼睛之间没有褶皱，眼睑显沉重、发肿
- 眼睛幅度较窄呈现尖锐的细长形
- 睁眼时几乎看不到睫毛根部，睫毛较短而稀疏，平视时，睫毛一般会向下斜。

眼影 用"收敛色"眼影，以刚好宽过双眼皮的宽度涂抹，即睁眼时，眼影像睫毛的阴影一样自然露出为佳。之后用"亮色"眼影沿深色区域向上自然淡开，但范围不要过大，否则反而会显得眼皮肿。用于晕开的底色，要选择接近肤色的柔和色调，颜色过重会削弱眼睛的神采，并破坏了单眼皮特有的利落感。

睫毛 由于上眼睑轻度下垂，遮盖脸缘，睫毛多下斜且稀疏，所以一定要使用睫毛膏，且下睫毛也是要涂刷的。先用睫毛夹把上下睫毛夹卷翘一些，让睫毛看起来更明显。再用梳齿较密的睫毛膏刷一遍上下睫毛，加宽眼睛纵幅。刷睫毛时，一定要从根部开始，不能刷太多遍，否则很容易拧结。

眼线 基本画法见第124页。眼线粗度要适中，沿睫毛根部描画，过粗的话会显厚重。单眼皮适合茶色、棕色眼线更显得柔和。眼线长度稍微长过眼尾即可，以从正面刚好看到为宜。下眼线只描画靠近眼尾的部分，避免上下眼线形成包围效果，反而会框住眼形，显得眼睛小。

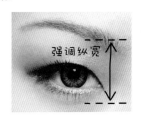

强调纵宽

Before

Before | After

MAKEUP POINT

1 用深色眼影在上眼睑涂出阴影效果，用浅色眼影将深色自然淡开，
  无论睁眼还是闭眼时，都会显得自然、不浮夸。

2 眼角处的眼影上下不衔接，是显得眼睛更大的关键。

2 眼线选择茶色系，比黑色更自然。眼尾处不要刻意拉长，只
  需要沿眼睑水平自然描画就可以了。

▌单眼皮——纵向阴影 × 横向线条

眼皮看起来显厚重的单眼皮很容易为了将眼睛化得更大而上妆过浓，甚至导致"一团黑"。薄而有层次地强调纵向与横向扩大眼形，用自然感延续单眼皮特有的清洁感，越简单越有美感。

STEP

How to

约为刷头宽度

沿深色边界处淡开

空出上下眼尾接缝处

用收敛色晕染出阴影

将深一些的棕色眼影用眼影刷涂抹在上眼睑处。宽度以睁眼时看上去像睫毛的阴影的程度为佳。

用米棕色淡开边界处

只涂深色眼影会显得不自然，用偏米色的浅棕色眼影，沿深色眼影上方的边界处重叠涂抹，淡开颜色。

下眼尾1/3处单独加入深色

将深棕色眼影小面积涂抹在靠近眼尾1/3部分，注意与上眼尾的眼影不要衔接，留出少许空隙，显得眼睛更大。

从根部开始涂刷出卷翘睫毛

将睫毛夹出卷度后，用黑色卷翘型睫毛膏，从睫毛根部涂刷，上下睫毛分别向上、向下充分展开。

用眼线膏填补睫毛间隙

黑色眼线虽然可以强调轮廓，但茶色眼线看起来更自然柔和。用茶色眼线膏沿睫毛根部勾勒内眼线。

眼尾水平描画

用茶色眼线膏描至眼尾时，顺眼尾水平描画，长度稍微长过眼尾即可，以从正面刚好能看到为宜。

Before

Before   After

MAKEUP POINT

1 纵向宽度相对横向宽度显得很狭长是单眼皮的特点，用眼影扩宽纵
  向使眼部看起来更平衡。用褐色眼影盘中的中间色涂抹在眼皮部
  分，可以使纵向看起来更宽一些。

2 眼线在眼尾的边界处即收住，不要拉长，避免眼线过长反而
  更加突显上扬的眼尾。

褐色眼影盘

延伸：吊眼梢

为了增加眼睛的纵宽，眼影可以宽一些晕染上眼睑。眼线略粗一些描画，配合黑眼球上下加粗的杏仁形收敛色，使狭长的眼形向纵向扩张，看起来眼睛会显得圆润一些。需要注意的是为了避免强调吊眼梢，眼线描画到眼尾时不要拉长，画到眼尾边缘就要收细。

STEP

How to

约为刷头宽度

上眼睑晕染眼影强调纵深

单眼皮的眼形纵向幅度小，眼妆以扩大眼部的纵向宽度为主。用偏黄色的浅褐色眼影晕染上眼睑，眼影范围略宽一些，淡开至整个眼皮。

刚好画到眼尾边缘

稍粗一些描画上眼线

用黑色眼线膏从靠近眼角一侧开始，仔细填补睫毛间隙，描至眼尾时稍微加粗线条，沿轮廓水平描画，不拉长，描至刚好到眼尾边界就收住。

睁眼时能看到5毫米

睁眼时可以看到收敛色

用深褐色眼影沿画好的上眼线重叠描画，宽度以睁眼时可以看到约5毫米的眼影色为准，感觉像是睫毛的阴影，黑眼球上方粗一些。

下眼睑涂抹亮色眼影

用米色眼影沿下眼睑细一些像描画眼线一样自然涂抹，黑眼球下方略加宽一些。

强调上睫毛中部的浓密卷翘

用黑色睫毛膏涂刷上睫毛，黑眼球上方反复涂刷两次，使用后睫毛更卷翘浓密，纵向扩大眼部轮廓。

一根根涂刷下睫毛

下睫毛一定要用睫毛膏，立起刷头仔细向下刷，黑眼球中部区域也要重点打理，与上睫毛一起强调中部区域。

延伸：眼尾内双

只有靠近眼尾1/3处的眼皮微微有点双；使黑眼球上方的眼皮下压显肿。眼妆重点是根据眼皮宽窄位置调整眼线粗细；眼影要薄而有层次；眼尾局部假睫毛也是扩大眼形的利器。

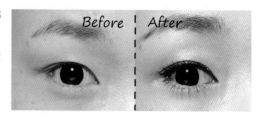

Before　After

STEP

How to

Before

浅金色
褐色

深浅双色眼影薄而有层次

用浅金色眼影薄薄涂抹在眼皮上，范围不要过大，之后用褐色眼影薄薄地涂抹在双眼皮的范围内。

浅米色
浅棕色

下眼角与下眼尾营造清澈感

下眼角用浅米色眼影提亮；下眼尾1/3处涂抹浅棕色眼影，通过泪袋妆使眼神更清澈。

假睫毛只粘贴
眼尾1/3处

眼尾假睫毛加宽眼形

用局部假睫毛粘贴在眼尾部分，然后从睫毛中段开始向睫毛尖涂刷睫毛膏。

稍微调整眼线的粗细

用黑色眼线液沿睫毛根部细细描画内眼线。眼皮窄的部分描画一些，眼皮宽的部分稍稍加粗一些，沿眼部轮廓形成自然阴影。

The basic eye make
Application
2

SINGLE EYELIDS
内双变大眼就这么简单

与外双相比，眼皮褶皱被覆盖而显得眼睛不突出的内双，
有的看着和单眼皮一样，有的只在眼尾能看到双眼皮。

最大限度的保留双眼皮的特征，
细细的眼线藏在睫毛根部，
淡雅眼影让沉重的眼睑显得轻盈……

▌要细、不要浓重

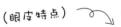

如果眼皮脂肪比较厚，可以用双眼皮胶进行调整。脂肪不太厚的人可以使用双眼皮线（相比双眼皮胶水更干净，显得自然，但效果不是很明显）由于内双眼皮宽度窄，一定要避免粗线条的眼线，而应尽可能描画细一些的内眼线。眼影要注意避免大面积使用深色。睫毛是内双眼皮加宽眼睛的必要手段，下睫毛也一定要涂抹睫毛膏。

（眼皮特点）

■ 闭着眼睛时，上眼皮可以看到一条双眼皮折线
■ 睁开眼睛后，从眼角到眼尾基本上看不到双眼皮折线
■ 很多人只在靠近眼尾部分能看到双眼皮

眼影 如果为了让眼睛变大，而在上眼睑大面积涂抹偏暗的棕色、灰色等眼影颜色，这样，本来就不明显的双眼皮会更不显眼。所以，用淡一些的明亮颜色来大面积打底，只在上眼尾用深色打造出阴影效果，强调出双眼皮的存在感，并在下眼睑或黑眼球下方使用深色眼影，纵向加宽眼睛的幅度，从视觉上突出眼睛周围的立体感。

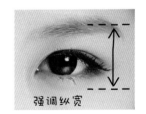

强调纵宽

眼线 内双眼皮需要用眼线强调眼睛的轮廓。但是一定要注意：要避免粗线条的眼线，而是细细的勾勒内眼线，将线条隐藏在睫毛根部，最大限度地保留住微双部位。

睫毛 为了纵向扩大内双眼皮偏窄的幅度，上、下睫毛都要用睫毛夹或电烫睫毛器从根部卷出弧度，用睫毛膏上、下、斜向，将睫毛充分加长、展开，眼睛的轮廓看起来就会显大。

Before　After

MAKEUP POINT

1 上眼皮窄一些使用明亮的珠光眼影色，在眼尾与下眼睑小面积使用深色来强调眼睛的纵宽。

2 黑眼球下方的眼线与上眼尾双眼皮部分的深色眼影纵向加宽眼幅，双眼看起来立体许多。

3 内双眼皮的眼线要细，沿睫毛根部的内眼线可以保留到双眼皮处。

❙内双眼皮——内眼线 × 淡色眼影

　　眼皮处使用淡雅的眼影，深色只用于眼尾。为了最大限度保留住显窄的双眼皮，用"埋入"睫毛间隙的手法描画内眼线，既强调了眼睛轮廓，又避免线条过粗使内双变单眼皮。细微珠光润泽泪袋并在黑眼球下方涂深色眼线，即衬托出黑白分明的明亮眼神，又自然扩大了眼睛的纵宽。

STEP

How to

涂珍珠光泽的浅茶色眼影

上眼皮涂珠光浅茶色眼影。注意要薄薄地、稍微窄于上眼皮涂抹，更显透明。也可以用指腹涂抹。

棕色眼影强调双眼皮部位

用棕色眼影只涂能看到双眼皮的眼尾部分，注意小面积轻轻涂开，打造出自然的阴影效果。

从黑眼球上方向眼尾描内眼线

从黑眼球上方向眼尾细细将线条埋入睫毛根部。眼尾稍拉长出眼尾轮廓3厘米，并微微向下描一点。

淡雅光泽提升眼部透明感

用珠光浅褐色眼影呈"＜"形衔接上下眼角，并沿下睫毛从眼角轻轻涂至眼尾，提升泪袋的润泽感。

黑眼球下方描画眼线

用棕色眼线笔在黑眼球正下方描画细眼线。这样可以强调眼部的纵向轮廓，黑眼球也会更显大。

重叠涂抹棕色眼影

用棕色眼影沿画好的下眼线重叠晕染，使线条更自然一些，眼睛看起来也更大而有神。

Before

Before | *After*

MAKEUP POINT

1 上眼皮使用淡雅明亮一些的眼影颜色，想要提升一些色彩效果的话，尽量放在下眼睑。

2 棕色眼影晕染下眼尾1/3处，可以使眼睛显得微微下垂，起到纵向加宽眼幅的效果，双眼看起来也很柔和。

3 内双眼皮的眼线要细，沿睫毛根部的内眼线可以保留到双眼皮处。

延伸：重眼皮内双

虽然有双眼皮的褶皱，但是由于眼皮脂肪偏厚、眼皮松弛，导致双眼皮变得不明显，眼皮下压呈内双眼皮甚至局部形成单眼皮。眼妆重点是选择防水、防汗的隐形双眼皮贴，先借助双眼皮贴来支撑眼皮，但是贴后因扩大了双眼皮幅度，容易显得眼睛像没睡好觉一样，所以眼线要稍微描画得粗一些，有张有弛地强调出大眼睛。

STEP

How to ?

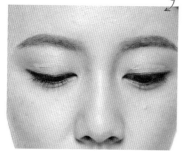

沿双眼皮褶皱上方贴双眼皮贴

涂护肤品后，先用棉棒擦拭眼睛上方的多余皮脂，然后将隐形双眼皮贴沿自身双眼皮折的上方贴好，消除原先折痕，扩大双眼皮幅度。

珍珠眼影霜比眼影粉更好着色

眼影粉不好在双眼皮胶上着色，但是使用眼影霜可以更好遮盖，用珠光浅金色眼影薄薄涂在上眼皮，使上眼睑显得透明。

内眼线自然强调轮廓

用棕色眼线笔，从眼角到眼尾沿睫毛根部间隙仔细勾勒内眼线，细细的将线条埋入睫毛根部。

下眼尾1/3处加入棕色眼线

用棕色眼线笔延下眼线从后向前涂抹到下眼尾1/3处，稍微宽一些晕染，打造微微下垂的眼尾效果。

提升泪袋的光泽感

将淡雅的浅色眼影，从眼尾向黑球下方像描画眼线一样涂抹，提升下眼睑泪袋处的润泽感，使眼睛显得更加明亮。

眼角用浅金色眼影提亮

用浅金色眼影小面积涂抹下眼角提亮，使原本略显厚重的眼角变得轻盈通透一些，眼睛看起来也更大而有神。

延伸：小目内双

对于黑眼球有些小的人，用粗粗的眼线包围住眼睛或左右扩大眼形都显得呆板，最简单的方法是强调黑眼球来起到扩大眼睛的效果。

Before | After

STEP

How to

Before

光感眼影强调双眼皮折

用与肤色融合较好的珠光浅金粉色眼影膏薄薄涂抹在上眼皮，增加双眼皮部分的自然光感。

沿粘膜描画内眼线

用茶色眼线膏沿上睫毛根部填补睫毛间隙，描画内眼线。细一些描画可以避免遮盖双眼皮部分。

空出

下黑眼球下方加入深色

用棕色眼影在黑眼球下方像描画眼线一样涂抹，然后向眼尾薄薄地晕开，下眼角部分用浅金色提亮。

中部睫毛加宽眼形

用黑色睫毛膏重点拉长黑眼球上下的睫毛，纵向扩大眼形，令黑眼球更显突出。

The basic eye make up
Application
3

SINGLE EYELIDS
双眼皮也有"小心事"

天生双眼皮有着得天独厚的美学优势，看上去眼睛大。
但如果不做任何修饰，眼部轮廓会显得模糊，
不过如果无所顾忌而过度化妆，就很容易显得浓妆艳抹。

修饰老化等问题外，只调整超出或欠缺的地方，
使自己的眼形更接近"杏仁"形。

(眼皮特点)
- 闭着眼睛时，上眼皮隐约能看到一条双眼皮折
- 睁开眼睛后，双眼皮折从眼角到眼尾清晰可见
- 平视时，可以看到睫毛根部

▌接近"杏仁"形适当修饰是捷径

　　根据自己的眼睛角度，用眼线修饰模糊的轮廓，睫毛夹使睫毛变卷翘并用睫毛膏打理浓密，强调出"中部圆润、显细长、眼尾微微上翘（眼尾角度见第96页）的杏仁眼"。眼睛有些地方欠缺或超出了"杏仁"形，就需要有张有弛，用眼线、睫毛补足欠缺的部分，超出的地方就不要过多强调了。很多人喜欢把眼睛化得圆圆的，大大的，审美不同，也不需要过于苛求，不过，相比细长一些的眼形，圆眼睛看起来更孩子气，如果希望妆容显得更女性化一些，"杏仁"形相比之下更适中。

　　亚洲女性比较多见的双眼皮类型有两种，一是内窄外宽的"开扇"双眼皮，二是双眼皮与上眼睑边缘几步平行的"平行"双眼皮。前者眉毛跟眼睛的距离适中，眼皮较薄，眼角微微上扬。后者一般眉毛距眼睛较远，如果双眼皮幅度过宽，容易显现没有休息好的睡眠状态。无论哪种类型，接近自身眼皮特点的适当修饰，加深双眼皮印象是很必要的。

开扇型双眼皮

窄　宽

平行型双眼皮

平行

Before

Before　After

MAKEUP POINT

1　平行双眼皮的化妆重点是适当减少双眼皮的宽幅，从而改善过宽双眼皮给人睡眼惺忪的印象。所以，眼线描画粗一些，并用眼影营造出自然过渡的效果，避免粗眼线过于显眼。

2　下眼线以点画细线的方式只描画黑眼球至眼尾部分，并用融合度较好的眼影做出层次感，将视线从双眼皮处移开。

▍平行宽双眼皮——粗眼线 × 深浅眼影

　　眼睛大而有神的平行双眼皮，如果双眼皮幅度较宽看上去会给人睡眼的印象。这种情况下，用眼线来收紧眼部轮廓是十分必要的。眼线可以适当描粗一些，减少双眼皮的宽幅。但是黑黑的粗线条容易显得生硬，用眼影沿眼线重叠涂抹使颜色自然过渡，睫毛打理出上翘的效果，可以将过宽的双眼皮幅度适当遮挡。

STEP

How to

用眼影膏增加眼睑的光润感

使用接近肤色的米色、浅茶色珠光眼影膏，用指腹涂于上眼皮，薄薄地晕开，提升光感。

先描画深色内眼线

用质地顺滑的深色眼线胶笔，从眼角至眼尾沿睫毛根部的粘膜描画内眼线，眼尾微微上扬拉长，使眼形显得细长一些。

进一步加粗来减少双眼皮宽幅

沿睫毛上侧边缘描画眼线，在步骤2的内眼线基础上加粗线条，缩减双眼皮内侧的幅度。

深茶色眼影柔化眼线

用细一些的眼影刷在眼线上方重叠涂抹深茶色眼影，涂得细一些，通过颜色过渡使眼线看上去更自然。

黑眼球下方开始点描下眼线

用眼线笔从黑眼球下方开始至眼尾，以点涂细线的手法在下睫毛间隙描画眼线。

下眼睑薄涂珠光米色眼影

沿下眼睑晕染珠光米色眼影，为下眼睑带出光感，将视线从双眼皮处移开，眼睛看起来更有神。

Before

Before

After

MAKEUP POINT

1 两侧双眼皮幅度不同，就会显得一眼大一眼小，调整眼线粗细可以
  快速修正，双眼皮幅度偏宽的一侧眼线要描得粗一些，调整过宽的
  幅度，与另一侧获得平衡感。

2 用中部加长的假睫毛纵向扩大眼形，并起到修饰双眼皮不同幅度的
  作用。也可以用睫毛夹与睫毛膏充分将中部睫毛打理卷翘。

延伸：左右双眼皮幅度不同

由于两侧眼睛的双眼皮幅度宽窄不同，看起来大小有差异。双眼皮略宽的一侧眼线要描粗一些，这样可以使双眼皮看起来显窄一些。双眼的眼影要选择淡一些颜色，避免使双眼皮更显眼。假睫毛选择中部长、两侧短的类型，调整两侧平衡。

STEP 1 双侧眼影

上眼皮涂抹浅色眼影

用浅褐色眼影涂抹在上眼皮，范围不要超过眼窝凹陷处。

亮色眼影涂抹双眼皮

用亮一些的黄色眼影涂抹双眼皮部分，范围稍微超过眼皮的褶皱。

下眼尾1/3处收敛，眼角提亮

从黑眼球外侧向眼尾的下眼睑1/3部分，细一些涂抹棕色眼影，打造阴影效果。眼角呈"<"形涂抹白色珠光眼影。

STEP 2 窄侧眼线　　**STEP 3** 宽侧眼线　　**STEP 4** 双侧睫毛

用眼线液描画内眼线

轻提眼皮，用黑色眼线液沿睫毛根部勾勒内眼线，眼尾略向上拉长3毫米，减弱上眼睑偏厚的印象。

粗眼线调整宽幅

双眼皮幅度宽的一侧，用黑色眼线膏略粗一些描画眼线，用粗线条减少褶皱与睑缘之间的宽幅。

用假睫毛强调中部长度

粘贴中部加长的假睫毛，自然修饰双眼皮不同幅度。

Before

Before | After

MAKEUP POINT

1 用眼线来调整眼尾的角度。首先使用眼线液描画内眼线，然后用线
  条柔和一些的眼线膏来加粗并描画出上扬拉长的效果。

2 用眼影像描画下眼线一般涂抹下眼睑粘膜，并通过与上眼线的衔
  接，改变了眼尾的走势，形成上扬的角度。

3 眼影只用浅色提亮眼睑。重点是深蓝色的添加更显时尚。

延伸：眼尾平缓

眼角与眼尾有一定角度时，眼睛看起来很更有魅力。如果眼尾角度平缓或有些向下，眼睛会显得无神。眼妆的重点是用粗一些的上扬眼线修正眼尾的走向，配合下眼睑的深色阴影，将原先平缓或下垂的眼尾隐藏起来。

STEP

How to

平涂亮色眼影晕染出层次

上眼皮涂珠光浅肉粉色眼影。从眼睑边缘开始，向上一层层涂开至整个上眼皮，打造出自然层次感。

描画内眼线

用黑色眼线液从眼角向眼尾细细将线条埋入睫毛根部。

下眼睑打造自然阴影

用细海绵刷蘸取深卡其色眼影涂抹下眼线，注意越向眼角越细，沿下睫毛根部晕染出阴影效果。

加粗眼线并向上拉长

用深卡其色眼线膏沿步骤2的内眼线上侧加粗眼线，眼尾略向上扬并拉长描画约5毫米。

衔接上下眼尾

用黑色眼线膏衔接下眼尾与上扬的眼尾长眼线，并填补眼尾形成的小三角形区域。

稍加一些色彩吸引视线

用深蓝色眼影笔从黑眼球上方向眼尾涂抹双眼皮部分，将视线上移。并借助色彩的过渡消除沉闷感，更显清澈眼神。

延伸：黑眼球小

对于黑眼球偏小的双眼皮，用包围效果的眼影打底，然后用上下眼线强调出眼部轮廓才是最适合的。黑眼球下方的眼线要加重一些，衬出美瞳。上、下假睫毛是扩大眼睛纵向宽度的重点。

Before | After

STEP

How to

Before

上眼皮与下眼睑晕染眼影

用珠光咖色眼影涂抹上眼皮，并宽幅涂抹下眼睑。

描画上、下眼线

用深茶色眼线膏沿睫毛根部边填补睫毛间隙描边画上眼线与下眼线。下眼线的黑眼球下方加重颜色。

粘贴中部加长的上假睫毛

为了扩大眼形并使黑眼球显大，在上眼睑粘贴中部长、两头短的假睫毛，并与下睫毛获得平衡感。

空出1厘米

粘贴下假睫毛

离眼角约1厘米处开始粘贴下假睫毛，进一步起到扩大眼睛纵向幅度的效果。

Make-up Skills 1

只需要一支遮瑕笔 *Concealer*

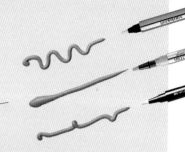

无论使用什么眼影，如果眼周肤色不佳就无法完全发挥效果，遮瑕，是决定眼影显色度的关键环节。

有光泽、易延展的笔型遮瑕液用起来更方便，

简单涂抹就能较好的贴合肌肤纹理，使眼周肤色看起来更明亮均匀。

How to

Concealer

▲ 润泽度与延展性较好的笔型遮瑕液，适合用于脆弱、易敏感的眼周肌肤，液态质地的遮盖效果比较自然，适合矫正眼部肤色，并具有高光效果，使眼周更明亮，带有柔软刷头的笔型，即使不太擅长化妆的人用起来也会感觉很顺手。

上下眼睑画线

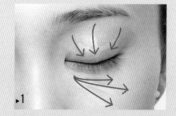

▶1

从眼角开始向眼尾方向，在上眼睑用遮瑕笔画3条短线。眼下容易出现暗沉、细纹的部位，斜向下呈放射状画3条线。注意用量要尽可能少一些。

轻轻拍按贴合

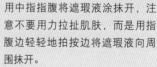

▶2

用中指指腹将遮瑕液涂抹开，注意不要用力拉扯肌肤，而是用指腹边轻轻地拍按边将遮瑕液向周围抹开。

▶3

下眼睑同样边轻轻地拍按边将遮瑕液向周围抹开。眼尾暗沉处用中指指尖轻抹进行修饰。

蜜粉提亮、定妆

▶4

眼周轻扑珠光蜜粉，提亮眼部，帮助吸收分泌的油脂，预防眼妆花妆，使遮瑕效果更持久。

毫不费力补眼妆 ﹨Base﹚

出门在外，眼部皮脂多少会分泌油脂，很容易花妆、脱色，
尤其在夏天，即使是再持久的眼妆产品也会产生脱妆情况导致"熊猫眼"。

借助棉棒、乳液、散粉、电烫睫毛夹

不用卸妆而是简便修补就能恢复清爽干净的妆容。

How to

1 用棉棒蘸取少量的乳液，在眼部花妆部分轻轻擦拭，不要使用卸妆油，否则不容易再次上妆。

2 折叠粉扑并蘸取粉底，用折出的角轻轻地涂抹在卸了妆的部分，使脱妆部分的底妆与周边融合。

3 用眼线刷蘸取与眼影颜色相同的眼线膏，只在眼线脱落的地方进行补充，否则会使眼线看起来深浅不一。

4 用粉扑按压眼部，去除多余油脂，

5 用指腹将有珍珠光泽的眼影，均匀地按压在上眼睑，利用光泽消除疲劳感。

6 修复塌下来的睫毛时，最好不要使用睫毛夹，否则会夹掉睫毛膏，用电烫睫毛器从睫毛根部一边
上抬一边熨烫，使睫毛恢复上翘。

轻松变美人眉

眉妆不费力

眉毛的每一根都直接影响着整体印象，
由于眉部与脸型、骨骼结构、妆容浓淡都关联甚密，
稍有不慎就会导致无法逆转的错误。

清爽、轮廓自然的双眉越来越受到青睐，
眉毛即使不修整得过于有型，也完全没有关系，
对着镜子细致确认脸型特点与适合的眉型，
"适度修整""刚柔并济"
保持一定粗度的双眉使表情显得自然。

如果总感觉画不好眉毛的话，
按照本章介绍的一些便捷的方法，
修去很明显的杂毛与长毛，
用眉笔填补不足、用眉刷晕染颜色，
只需要几步，就可以打理出自然不做作的立体双眉。

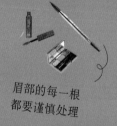

眉部的每一根
都要谨慎处理

MAKEUP POINT

1 眉毛是决定整体妆容印象的关键部位，通过修整眉形，可以平衡掉
   脸型的不完美之处，但最主要的是：只有同自身气质相协调，才会
   给人以舒适而不突兀的感觉。

2 眉色的选择还要与眼线、眼影色和整体妆容相协调，如果使用眼线
   液的话，眉毛的浓度最好不超过眼线的浓度。

EYEBLOW MAKEUP
30秒眉妆，第一眼美女

脸部左右着第一印象、最有表现力的部位就是眉毛，
眉尾上挑看上去很严厉、反之则会显得无精打采。
稍改变一些，可能就会呈现出完全不同的脸部印象。
很多人纠结于到底该不该拔掉这一根还是留着那一根？
其实一旦确定适合自己脸部结构的平衡双眉，
即使只偷懒化了眉妆，就可以为好印象加分。
值得一提的是，眉毛不修整得过于有型也完全没有关系，如今：

双眉不过于显眼、轻盈自然；
眉头不显重；
眉尾比眉头高一些，但角度舒畅利落

以这3点为基准，结合自己的脸部特点或效果来加粗或加重眉色，
如果不太擅长细细描画，就可以用眉粉或染眉膏打造出蓬松的绒毛眉。
如果希望将眉尾描得细而饱满，那就选择眉笔来填补眉毛间隙。

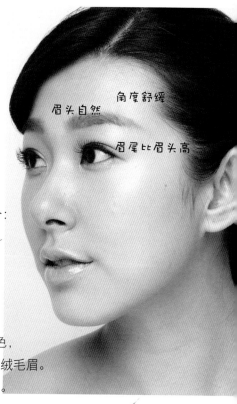

角度舒缓
眉头自然
眉尾比眉头高

▎眉色以"头发的颜色"为准

　　确认眉色最简单的方法就是"以发色为基准"。黑发
适合橄榄色、灰色等烟色系的眉色。偏茶色的发色中，偏
黄色系的发色适合黄棕色眉色；偏红色系的适合古铜色眉
色，与发色协调的眉色看起来自然舒适。由于亚洲人的肤
色发黄，发色为黑的偏多，所以一般来说棕色的眉色为大
多数人的选择。

黑色头发：橄榄色、灰色

茶色头发：接近发色的茶色

偏亮的茶色头发：比发色略深的茶色

3 点决定眉形

眉毛的基本形状确定，眉妆会更简单有趣。眉形由"眉头""眉峰""眉尾"3处来决定。眉形要与自己的脸部结构相平衡；确认眉峰时，抬起眉，最挑高的部位就是原本的眉峰。

确认3个关键点

眉头比眼角靠近内侧

位于鼻翼弧度开始处的垂直延长线上。眉头比眼角要靠近内侧2毫米～3毫米，这样眼部结构更平衡。眉头不够长度的话要轻薄适度的补足。

眉峰在黑眼球与眼尾之间

位于黑眼球外侧与眼尾间。眉峰角度决定了眉毛形状与印象，角度过急看起来显凶。眉峰偏眉尾时脸型显宽，偏黑眼球时脸型显窄。

眉尾不低于眉头

鼻翼与眼尾的连线上是眉尾的基本长度，长度超过延长线会显得老成。眉尾比眉头高一些会显得表情更自然。

眉毛下侧角度

眉毛下侧角度

从眉头至眉峰的眉毛下侧角度也要结合脸型描画的，脸型较短时眉毛下侧的角度大于10°，长脸型则小于10°。

从眉峰与眉下入手更便捷

在根据左页确定适合脸型的眉形后，就要找到相适应的眉峰与眉下角度。需要注意的是，在标记前要先用眉毛专用的螺旋眉刷顺着毛发走向梳理眉毛。即使在不化妆的日子，也应坚持梳眉，久而久之，眉形会自然变得整洁。

标记关键点

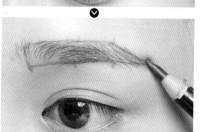

用螺旋眉刷梳理眉毛，然后用浅色眉笔在确定的眉头、眉峰、眉尾的关键部位描点进行标示，关键部位之间也要标记号点，双眉要对称描点。用眉笔将刚刚标好的记号点连接起来，线条要顺滑，描出的轮廓要比原本的眉形略粗一些。

快速确定基本眉形

修整眉形前可以先确定关键点，不太熟练时可以用柄长10厘米左右的眼线笔、眉笔或螺旋眉刷来辅助，这样能简单地测出基本眉形。也可以边测出关键点边画上记号。

point 眉形很适中，但看起来双眉还是显得不自然？遇到这种情况就要看一下眉头是否太浓重，是否有必要适当拔掉过于浓密的毛发，使眉毛显得自然轻盈。

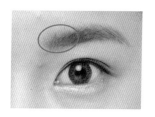

每周修整一次，保持眉形

确定适合自己的眉形后，每周应对眉毛进行一次修整，保持基本眉形。双眉间与眉毛下方最好2～3天就看一下是否有冒出来的杂毛并及时修除。由于少了一根毛发都会影响整个眉形，修剪时要好好确认轮廓外的杂毛、过长的毛发，以免修掉必要的部分而难以修补。

区分"剪""剃""拔"的位置

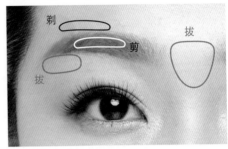

STEP　How to

用眉刷整理毛发流向

修剪前用眉刷梳理眉毛，便于发现眉形轮廓外的毛发，避免修剪掉轮廓内的必要部分。

修剪过长或向下垂的部分

眉毛中部的向下垂的毛发或长得过长的毛发，用眉剪修除过长的部分。眉头附近也剪短过长毛发。

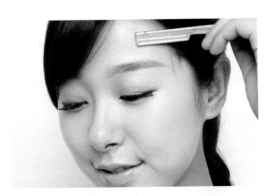

用眉刀剃除细小杂毛

眉峰至眉尾上侧轮廓外的细小杂毛，用眉刀小心地剃除。

拔除粗重的杂毛

眉峰下侧的较粗毛发十分影响眼妆的整洁感，用修眉钳一根根仔细拔除。双眉间的杂毛也应拔掉。

▌刚柔并用，打造谁都适合的自然眉

眉毛的底边要清晰，上侧要自然一些。通过逆向、正向、根部、表层的手法"画线填补""小幅晕染"，塑造立体感与纵深感兼具的饱满眉。

STEP 1　准备

How to

用少量蜜粉薄薄打底

在眉部轻轻地薄薄扑上一层蜜粉，这样有利于防止眉部出油脱妆。注意用一点点蜜粉即可。

用眉刷梳理整个眉毛调整毛发流向

用眉刷从眉头至眉尾梳理整个眉毛，使毛发走向更整洁，里层毛发也要充分梳整。

STEP 2　眉笔沿"底边"、"眉峰至眉尾"描画线条

用眉笔沿眉毛底边描画

用眉笔沿眉毛底边描画细线，即使自身的眉毛有些不整齐，底边的线条会让眉形看起来显利落许多。

由眉峰向眉尾沿眉毛上侧描画

接着用眉笔有眉峰向眉尾，沿眉毛上侧描画线条，并与步骤3描画的底边线条自然衔接。

STEP 3 一根根细碎描画补足毛束感

眉毛中部欠缺处一根根补足

眉毛中部毛发欠缺处，用眉笔沿毛发生长方向，边变换描画角度，边一根一根地仔细画出毛束感，将眉毛之间的空隙自然填补，不露出泛白的肌肤，不要用眉笔涂满颜色。

填补眉尾

由于眉尾容易因皮脂导致脱妆，也要用眉笔一根根地仔细画出毛束，补足。

<u>point</u>　用眉笔描画时，要避免将眉头部分描重，可以保留眉头不画，或只稍微填补明显不足之处即可，点到为止。眉毛上方也不要用眉笔描线或眉粉染色，会显得很不自然。

STEP 4 眉粉填补颜色

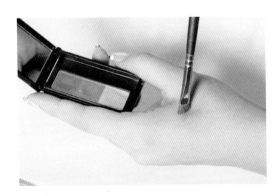

调整眉粉用量

用眉刷蘸取眉粉后，不要直接晕染在眉毛上，先在手背上调试一下颜色的浓淡，去除刷头的余粉，这样可以避免涂抹后颜色过重。

眉毛中部向眉头填入眉粉

用眉刷蘸取眉粉，从眉毛中部开始，向眉头，逆着毛发生长方向，填入眉毛间隙。眉头部分用眉刷上剩余的眉粉薄薄扫过即可。

STEP 5 晕匀眉粉

将表层的眉粉晕匀

用螺旋眉刷轻刷眉毛表层涂抹眉粉的部分，将眉粉晕匀，注意不要贴近里层，避免破坏到眉笔描画的线条。

STEP 6 "先逆向再顺向" 从里至表填补眉色

逆向晕染使毛发内侧着色

使用眉笔与眉粉后，用接近发色的染眉膏来调整眉色，可以使眉部印象更饱满，呈现绒毛质感。用染眉膏先从眉尾开始，逆着毛发生长方向移动刷头，这样可以使眉毛内侧充分着色。

STEP 7 用尖头棉棒修整

顺向涂刷使眉毛表层着色

顺眉毛的走向，从眉头向眉尾轻刷眉毛表面，不要触碰根部，通过双向涂刷的方式，使眉毛的着色更均匀，同时整理毛发流向。

刷睫毛膏前使用睫毛底液

如果有描出轮廓或不平整的地方，用尖头棉棒轮廓仔细修整平滑。

Eyebrow makeup

Eyebow

2

MAKEUP POINT

1 眉色过淡，眉毛有些地方稀疏，如何让轮廓更分明，凸显立体感？
这时要避免整体补色，整体补色很容易描画过重，最简单的方法是
用"眉笔强调眉下轮廓"再借助"深浅颜色过渡"来自然强调出眉
形与眉色的饱满度。

2 眉色过淡的部位，用眉粉进行埋入式补色。

EYEBLOW APPLICATION
简单几步拯救眉形不足

眉毛多多少少会存在颜色或形状方面的不足，
只要在化眉妆的过程中加入一些补色、晕染、修剪的小技巧，
就可以使眉形变得完整平衡，眉色变得浓淡相宜，线条变得流畅柔美。

"下轮廓"与"深浅色"修饰淡眉

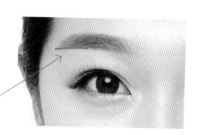

　　描画颜色过于浅淡的眉毛时，通常为了强化眉色，会用眉笔过度描绘出"同一浓度"的粗重眉，这样反而会显得双眉过于浓重，十分不自然。正确做法是，用眉笔勾勒眉形下部边缘略外侧的线条，加强眉形下部轮廓的清晰度。之后用深、浅眉粉在不同部位着色，自然调整眉色浓淡，提升眉尾的存在感，使双眉立体饱满而不浓重。

STEP

How to

用眉笔强调眉下轮廓

用眉笔顺眉头的角度，沿眉毛下缘，从眉头向眉峰描画偏直的线条，加强眉形下部轮廓的清晰度，使眉形更鲜明。

深色眉粉→描画眉峰至眉尾

用眉刷混合蘸取右上图①～②深色眉粉，描画眉峰至眉尾（眉尾与发际线平行），仔细填补轮廓内毛发稀疏露出肌肤的部位。

浅色眉粉→横向描画眉头至眉峰

混合蘸取右上图②～③的浅色眉粉，从眉头向眉峰，斜向上描画出一根根线条，最后用眉刷上残余的少量眉粉晕染眉头部位。

Before   After

1 直接用眉笔描画线条加粗眉形，容易显得生硬，用眉粉配合染眉膏
  使双眉变得更自然。

2 涂染眉膏后，眉部呈现的色泽要比染眉膏本身的颜色略暗一些，所
  以，应选择明亮一些的颜色，如金色系，可以打造出清爽的眉色，
  使整体印象看上去更柔和。

"绒毛感"打造柔和眉

　　过度拔眉易造成有的地方眉毛长不出来，这时，用眉粉画出柔软的仿佛自身眉毛般的自然效果，让眉毛浓密而不失柔软感。染眉膏的涂抹方向一定要配合眉毛的走向，先逆向充分刷着毛发根部，再顺向刷匀表面是法则。

STEP

How to

用眉粉沿轮廓描线

用眉粉从眉峰至眉尾，再从眉头至眉峰描画眉毛上侧与下侧的轮廓。

轮廓内填色

从眉峰至眉尾，眉头至眉峰，用眉粉以描线的方式，一点点填补轮廓内的颜色，不要一下子涂满。

毛发稀疏部分用眉膏补足

用眉粉填补毛发稀少的地方，效果不明显。应使用啫喱状眉膏或啫喱状眉笔补色。

由下向上薄薄地填补眉头

眉头填色时只需要使用刷头上剩余的眉粉即可。用眉刷由下向上，顺着眉头毛发生长方向晕染，注意不要刻意描画，而是补足眉头形状。

用染眉膏顺向晕色

为了避免破坏眉粉描画的线条，不要逆向染色，而是从眉头向眉尾涂刷眉毛表层，提升柔软质感并提亮眉色。

只修剪过长的毛稍

使用染眉膏后，眉毛走向经过整理与固定，长出轮廓外的毛发就更容易发现，用眉剪一根一根小心地剪掉1毫米左右的毛稍即可。

Before   After

MAKEUP POINT

1 眉头向上生长的毛发与中部横向生长的毛发交汇处，是毛发密集的
  区域，修剪时，只需要将这个区域长出轮廓外的长毛修短即可，适
  当保留眉毛的细小毛发，避免眉形生硬。

2 从眉头到眉峰要保持一定的粗度，保留眉周的细小绒毛形成柔和弧
  线更自然。

"自然"与"清晰"兼顾的清爽眉

眉毛周围的杂毛或眉毛走向交错处的毛发，很影响眉部的清晰印象。修整时只要拔除完全不需要的杂毛即可，不要拔掉靠近眉部轮廓处的毛发，否则会显得不自然。用眉笔描画后，再用眉粉重叠填补上颜色，使用眉色更饱满、持久。

STEP

How to

拔除轮廓外侧的杂毛

紧沿眉部轮廓拔眉，容易拔掉必要的毛发，也会过于强调轮廓，显得不自然。只需要拔除与眉部轮廓一定距离外的杂毛即可。

描画眉峰至眉峰的上、下轮廓

确定眉峰位置后，从眉峰向眉尾分别描画上侧与下侧的轮廓线，眉尾处自然衔接线条。

眉头至眉峰一根根描出毛发

从眉头至眉峰的上侧与下侧不要直接描画线条，而是一根一根描细线，强调自然轮廓。

眉头至眉尾轮廓内用眉粉填色

用眉粉从眉尾开始，一点一点移动刷头填补颜色，直至眉头。由于眉头的毛发向上生长，刷头要从下向上晕染。

整理眉毛走向

用螺旋眉刷从眉头向眉尾，顺着眉毛走向，边移动边调整梳理方向。

眉形修饰脸型
(Eyebrow)

眉形的确定要以自身的脸型为基本依据，

通过调整眉峰弯曲度、内外位置，以及眉尾长度，

可以平衡掉脸型的不完美之处，并打造出具有独特美感的眉型。

❘ 缺少线条感的圆形脸——眉峰外移

　　圆形脸上下侧的脸部轮廓线过圆，通过眉峰外移的拱形眉，可以将上半边脸向外延伸，收敛下半边脸。适度描画一定角度，表现力度和骨感，减弱圆润、平板感。避免平直的短粗眉形与过于弯挑的细眉。

❘ 容易显成熟的长形脸——柔和自然眉

　　长脸横向距离小，且缺少圆润感，需要给轮廓增加一些宽向感。柔和的眉形更能横向拉长脸形，从视觉上缩短脸部长度，适合平直略带弧度的眉形，也可画短粗一些。避免弧度弯、高挑、纤细的眉形。

❘ 轮廓生硬的菱形脸——圆润些的眉形

　　颧骨处较宽，额头与下巴过窄的脸型，容易给人有些刻板的印象。上宽下窄的话，眉峰的弧度略向内移，拉长眉尾，修饰颧骨的宽度，平直略长；上窄下宽的话，眉峰的弧度略向外移，缩短眉尾。避免弧度大的眉形，眉峰的弧度要柔和。

❘ 稍显呆板的方形脸——眉峰外移的自然弯眉

　　额头、下巴较宽的方形脸，弧度自然的拱形眉可以弱化棱角感，使表情显得更加柔和。为了与方下颌呼应，眉峰应在眉毛的 3/4 处。避免平直而且细短的眉形，略带弯度的眉形更显柔和。

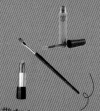
迅速变丰润唇

唇妆不费力

很多女性画完眼妆后只涂润唇膏或粗略涂下唇彩了事
事实上，红润饱满、有光泽的双唇，
是最能展现女性魅力的象征。

其实上唇妆对熟不熟悉化妆的人都很方便，
特别是唇膏、唇彩越来越贴合使用者的各种需求，
只要一支就可以打造出光润、立体的唇妆，
本章的上妆方便，效果还很好的唇妆细节，
适合不想花太多时间或总感觉画唇妆费劲的人，
可以从容应对外出、时间紧、脱色、
就餐时唇妆脱落等问题，
用光泽与饱满度提升妆容的品质。

略带灰色的低明度唇膏
颜色更能衬出好肤色。

双唇干燥是影响速度与
效果的症结所在。

干燥、唇纹会不经意带出年龄感，
即使涂抹厚厚的唇蜜，也会很快脱妆，形成色块。
消除干纹与暗哑，能使唇膏的显色度更好，
从护唇开始，一个好的开端，会为妆容带来更多惊喜。

MAKEUP POINT

1 嘴角的局部遮瑕，对于唇形与整体妆容影响甚大。遮瑕霜不仅使嘴角的位置微微提升，同时消除了唇周暗影，唇部轮廓变得更加清晰，之后无论是描画唇线还是涂唇膏，显色度、持久度都会更好。

2 遮瑕膏选择比肤色略明亮一些的即可，且质地不要过稀薄。

LIP CONCEALER
5秒打造微笑嘴角

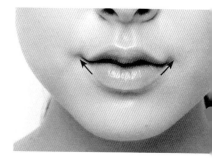

想要打造微微上翘的嘴角，一支遮瑕膏几下就能搞定，
只需要遮盖住嘴角处原来显得轮廓向下的阴影，

沿着下唇轮廓的延长线，
向上唇呈线状涂上明亮的遮瑕膏，

最后用指腹涂匀后即可涂抹唇膏。
遮瑕霜使嘴角位置略微提升，同时修饰了唇周黯沉肤色，唇型变得更清晰，
所以，提升嘴角也是为后续唇妆打底。

Foundation

▶ 嘴角活动较频繁，质地略浓稠的遮瑕产品与肌肤
的贴合度更好。颜色选择比肤色略明亮一些的，如
果为了提亮阴影处而使用过于偏白的颜色，反而肤
色会显突兀。

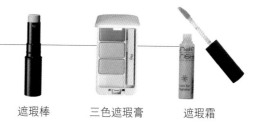

遮瑕棒　　三色遮瑕膏　　遮瑕霜

STEP

How to

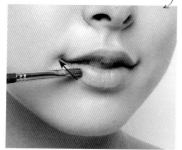

嘴角呈线条状涂遮瑕霜

微笑，以嘴角提起的轮廓为基准，
用唇刷蘸取遮瑕霜沿轮廓线斜向上
描画粗一些的线条，唇部两侧要涂
抹一致。

抹匀遮瑕霜使边界自然晕开

用指腹沿涂抹方向边向上边轻轻将
遮瑕霜涂抹开，使遮瑕部位与周边
的肤色自然融合。

遮瑕后用粉状粉底局部定妆

用化妆海绵蘸取少量粉状粉底轻轻
按压涂抹遮瑕膏的嘴角部位，提升
肌肤顺滑感，使遮瑕效果更持久。

MAKEUP POINT

1 只在下唇中部使用唇蜜提升润泽度，比全唇涂抹更能自然地呈现唇部立体感。下唇中部的涂抹面积可以大一些。

2 如果参加聚会，可以用液体唇膏涂抹整个唇部，下唇中部使用唇膜将光泽集中，整个唇妆会熠熠生辉。

LIP　BASE

直接涂唇膏，下唇提亮

娇嫩与弹性是美唇的基本要素，只是有光泽还远远不够。
要塑造出唇部的立体感与饱满度其实不难。

整个唇部直接涂上唇膏，
只在下唇中部偏上的位置用唇蜜提亮。

唇峰轮廓要有一定饱满感，线条圆润，不要出现明显的棱角。
需要注意用涂唇膏时不要紧贴嘴角涂，
唇膏容易溢出，使妆容显脏。

Foundation

▶ 经常处于干燥环境的女性，应选
择护唇与唇膏合一的产品。唇蜜质地
水润，遮盖力与显色度不如唇膏，可
以先涂唇膏之后再使用唇蜜修饰。

妆前乳　　　粉底液　　　遮瑕棒

❗唇部水嫩，才能画得漂亮

　　唇色好坏，最重要的就是唇部干燥状态。水润的唇部简单涂
下唇膏就会非常漂亮，造成唇纹、唇色暗哑及脱妆的主因，是水
分不足和角质的堆积。平日的保养，能使唇膏更好的着色，唇色
自然会明艳许多。日晒与堆积在唇部的老化角质，会造成唇纹、
唇色暗沉。每周一次用毛巾热敷唇部几分钟软化角质，用天然磨
砂膏按摩，可以迅速恢复双唇水嫩。

　　每天护理时，用指腹在整个唇部涂抹润唇膏，含维生素E及
有防晒作用的润唇膏有助唇部恢复肌肤弹性，抚平干纹（见图
1）。轻柔按摩可以促进滋润成分渗透到肌肤（见图2），待滋润
成分充分被吸收后，用纸巾轻按双唇，消除表面的多余油脂，使
唇部获得清爽感，再涂唇膏可使唇妆更持久贴合（见图3）。

points

▶1

▶2

▶3

▎只要掌握"顺序、方向"就能驾轻就熟

虽然不用唇线笔画唇线更自然快捷，但是为了提升立体感，先用唇膏沿轮廓描画线条，再填满双唇，既能塑造出自然立体双唇，又能避免涂到轮廓外。

STEP 1　用唇膏端角描外轮廓

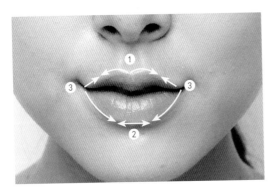

描轮廓的顺序与方向

先描画上唇唇峰，下唇中部，接着从嘴角向中部描画，注意图中标注的顺序与方向。

用唇膏沿外轮廓描画

利用唇膏端角自然描出线条，先描画上唇唇峰与下唇中部的外轮廓，接着分别从嘴角向上下唇中部描画，这样可以避免膏体堆积在嘴角。

STEP 2　纵向填色

纵向沿唇纹填满轮廓内侧

以"一"字的口形微张嘴，用唇膏纵向沿唇纹涂抹，由中部向左右涂满双唇。垂直于唇部的涂抹方式，可以确保唇纹内也充分着色，更显唇色饱满。

STEP 2　下唇中部涂唇彩

下唇中部偏上用唇彩提亮

用唇彩涂抹下唇中部偏上的位置，涂抹面积可以宽一些，相比涂抹全唇更显立体。

MAKEUP POINT

1 喜欢红色唇膏又担心过于抢眼时，可以选择明度不同的两种红色系唇膏，亮色打底，深暗色涂抹靠近嘴角1/3部分，这样，既满足了自己的喜好，低明度的深红色唇膏又避免了纯红色的过于突兀，看起来有种低调的华丽。

2 "中间明""两侧暗"的配色涂法，从视觉上使唇部凸显立体。

明

明

"彩度、明度"是大事

从"自己想要的颜色"入手选唇膏最睿智，想尝试其他颜色，
可在喜欢的颜色上，调整彩度（饱和度）和明度（明暗度）。
如偏好粉色，选择粉紫色改变一下，差别不太明显就更易接受。
试用唇膏时，如果感觉颜色总不太适合时，

首先要斟酌一下是否是涂法上有问题。
另外，偏暗肤色要避免涂与肤色反差大的颜色。

"低彩度、低明度"更衬肤色

　　如果肤色偏黯沉，就不宜选择与肤色反差过大的颜色，否则反而会显肤
色更暗。而稍混合灰色的"粉紫色""烟粉色"等低彩度颜色，可以让肤色
看起来更好。

　　喜欢韵味成熟的驼色、米色唇膏，可以选择带红色调的颜色，如沉稳的
"驼红色"衬托出白皙肤色。成熟肤色涂粉色唇膏，会显浮躁，最好选择混
合灰色的低彩度颜色，如低调的"烟粉红色"。经典的红色唇膏自然也不要
错过，可以选择低调一些的"枣红色"、"棕红色"，通过"模糊边界"、
"深浅过渡"的手法，使效果更自然一些。一旦唇膏的颜色过白，肤色就会
随之变差。

粉棕色

紫红色

烟粉色

深暗驼红色

如何涂鲜艳的唇膏而不显突兀？

　　粉红色、红色作为鲜艳色的代表色，很多女性避而远之，或者
涂抹后感觉唇色太显眼，难以接受。其实，只要改变一下上妆方法，
即使成熟女性也可以驾驭。首先是直接涂抹在上下唇轮廓内侧，之后
轻抿双唇，将颜色淡开至轮廓处；其次，可以用指腹以拍按的手法涂
抹，之后用棉棒模糊轮廓（见右图），消除与周围肤色的明显界限。

points

"中间明""两侧暗"打造立体红唇

用明暗两种色调，亮色打底、暗色涂外侧1/3处形成自然过渡，渲染出立体感，同时减少了唇色与肤色的反差。借助唇刷能更细腻地填色，显色也更饱满。

STEP 1 | 蘸取唇膏

用唇刷蘸取唇膏

使用唇刷涂唇膏能流畅地描出轮廓，并使膏体深入唇部纹理，显色更饱满，也可以调和几种颜色来使用。

STEP 2 | 亮色涂全唇

从嘴角边描轮廓边涂亮色唇膏

用唇刷蘸取粉红色唇膏，从嘴角开始涂下唇，边描轮廓边将颜色填满内侧，嘴角至唇峰线条要饱满。

STEP 3 | 暗色涂外侧 1/3

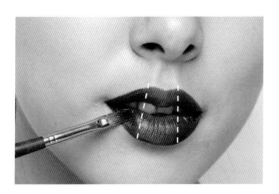

靠近嘴角1/3部分涂深色唇膏

用唇刷取深红色唇膏，由嘴角向内涂，上下唇中部不涂，由嘴角至唇中用深浅唇膏涂抹呈过渡色。

STEP 4 | 自然模糊轮廓

用棉棒模糊轮廓线

从嘴角向中部用棉棒模糊轮廓线过重的部分，使唇色由内侧向轮廓呈由浓至淡状态，上下唇需同样的模糊。

"内深、外浅"自然与肤色衔接

　　粉色深受女性偏爱，但很多人在试用时总觉得不太适合自己。这时可以调整一些配色与涂法，用内外搭配的"渐层式"来涂抹粉色唇膏，可以自然消除唇部与肤色的反差，看起来更自然协调、凸显立体感。

STEP 1　唇彩笔描轮廓

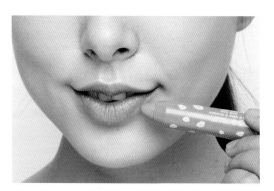

唇彩笔描画外轮廓

用浅肉粉色唇彩笔沿唇部描画轮廓，线条可以稍微向外扩大一些。

STEP 2　浅粉色涂全唇

浅粉色沿内轮廓涂抹全唇

用唇刷蘸取亮粉色唇膏，从嘴角开始沿内轮廓填满双唇，由嘴角向中部涂抹。

STEP 3　深粉色涂内侧 1/2 部分

深粉色涂抹上下唇的内侧1/2部分

用唇刷涂深粉色唇膏，只涂抹靠近内侧的1/2部分，上下唇外侧均不涂。

STEP 4　下唇中部提亮

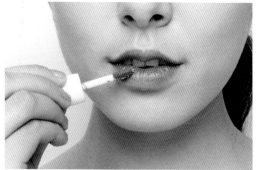

用粉红色唇彩提亮下唇中部

用粉红色唇彩涂抹下唇中部，涂抹面积可以宽一些，提升唇部的立体光泽。

MAKEUP POINT

1 用深浅两种粉色唇膏，浅色打底，深色涂抹内侧1/2处，内外的颜色由深至浅，像水粉一般晕开，鲜艳的粉色也不会感觉过于跳跃。

2 不用描画唇线，而是用接近肤色的肉粉色唇彩笔描画外轮廓，消除了唇部轮廓与周围肤色的反差，与肤色自然融合。

3 显成熟沉稳的肤色使用粉色唇膏会显得颜色浮躁，比较适合选择色调中略带灰色的粉色。

浅

深

浅

Application
2

MAKEUP POINT

1 源自韩剧的咬唇妆，嘴唇看起来像轻咬过般呈现出似有似无的血色感，唇妆重点在于唇膏的渐层涂法突出了唇中部的亮色。

2 只描画眼尾部分的彩色眼线是这个妆容的亮点，化了血色感很自然的唇妆后，鲜艳的眼线色彩也不显得浮夸，而是呈现出略显羞涩的眼部印象，柔化了整个妆容。所以，借助咬唇妆看似没涂唇膏的效果，可以尝试更多的眼妆色彩，展现出张弛有度的妆感。

162

LIP APPLICATION
亮色眼线与双色咬唇

橘粉色唇膏与桃粉色唇彩，色彩与质地混搭，
打造出双色咬唇妆，看起来比单色更富有张力。

浅色打底，艳色涂内侧，将唇色内缩1毫米。

先用眼线液描画内眼线强调轮廓，再描画橘色眼线。
为了顾及实用性，可以只在眼尾部分描画半截亮色眼线。

（橘色眼线）

（橘粉色唇膏）

（桃粉色唇彩）

STEP

How to

用黑色眼线液沿上睫毛根部从眼角向眼尾方向勾勒纤细的上眼线，在眼尾部位拉长并微微上扬。

用荧光橘色眼线胶笔在黑色眼线上方重叠勾勒，眼角描细一些，逐渐加粗描至眼尾。

先在整个唇部涂上橘粉色唇膏，浅色用来当底，由嘴角向唇部中央涂抹上下唇。

用指腹轻轻拍按唇部，促进膏体与唇部的贴合度，同时将颜色向唇部边缘处晕开。

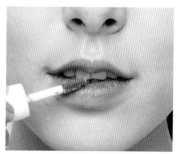

桃红色唇蜜只涂在唇部内侧，再用指腹将艳色淡开晕到边缘。嘴唇微张让唇蜜填入内侧黏膜交界处。

MAKEUP POINT

1 以"低明度"的色调为主，唇妆选择与肤色融合度较高的"烟粉色"，通过按压手法，提升唇膏的帖服度与哑光质感，低调、饱满的双唇跃然眼前。

2 深暗的紫色与棕色搭配，透出几分神秘感，丝毫不感觉冰冷。

LIP APPLICATION
暗紫色眼影与烟粉色雾面唇

混合有灰色的烟粉色唇膏最能够衬出优雅的肤色，
低调唇色瞬间显现成熟女性的沉稳气质。

（烟粉色唇膏）

借助"指腹拍按"、"面巾纸吸拭"的窍门。

眼影与唇色相互呼应，选用了"低彩度、低明度"的色彩。
深沉的紫色为主色调，棕色用于收敛，使整体妆容韵味浓厚。

（暗紫色眼影）

How to

将棕色眼影沿着双眼皮线在上眼皮后半部分画出5毫米宽的线条，然后用眼影刷轻轻晕染开。

将带有淡淡珠光的紫色眼影涂在上眼皮前半部分，从眼角开始向中间晕染，宽度不超过双眼皮。

用唇刷将带有灰色的烟粉色唇膏涂在整个唇部。下唇纵向顺唇纹涂抹，使颜色填满纹理中。

用面巾纸轻轻吸拭唇部表面的油分，打造哑光质感的同时，加固唇色，避免脱色。

用手指轻拍唇部轮廓部位，将唇膏轻轻晕开，使唇缘与周围肤色融合得更加自然。

The basic lip makeup

Application

4

LIP APPLICATION
一步，秒杀唇妆烦恼

很多女性画完眼妆后只涂下润唇膏或粗略涂下唇膏就草草了事，事实上，红润饱满、有光泽的双唇是最能展现女性魅力的象征。越来越多的唇膏加入防晒、滋润、固色等功效。

只需注意一些细节，应对外出时间紧、脱色、就餐时唇妆脱色等问题，上唇妆其实很方便，即使不太会化妆的人也能轻松搞定。

加一步：面巾纸轻按

（唇彩很快脱色…）

唇彩和唇蜜基本上都是流体状，质地很滋润，但涂抹后没多久就会出现脱妆，这时可以加入"吸油"的一个小环节。先涂一遍唇彩，之后用面巾纸轻按唇部表面，吸拭多余的油分，加固妆色，最后再涂一遍唇彩，唇妆会更持久。涂润唇膏后也应先消除油分再上唇妆，避免脱色。

加这步

涂第一遍唇彩

用唇彩涂抹整个唇部，唇缘要涂得薄一些，避免脱妆。涂抹时微咧嘴，舒展唇纹，使唇彩更好地深入纹理。

用面巾纸轻轻拭去油分

用面巾纸轻按唇部表面，吸拭多余油分，起到固色作用。也可以用棉棒蘸取少量蜜粉轻轻按压双唇。

涂第二遍唇彩

再涂一遍唇彩，特别是较易脱妆的上下唇中部要重复涂。"涂抹"、"吸拭"可以交替两三次，使颜色与嘴唇贴合紧密。

166

加一步：叠加润唇膏

（外出前，唇膏发干…）

涂唇膏特别是有颜色的唇膏后，唇部很容易变干。最简单的解决方法就是再次涂唇膏前，使用质地浓厚可以在唇部形成一层滋润薄膜的护唇膏。

加这步

先涂护唇膏再涂唇膏

在双唇涂抹滋润度较高的护唇膏，然后用唇刷涂抹唇膏，护唇膏与唇膏混合涂抹后，双唇会倍显润泽。

加一步：同色唇彩笔打底

（唇色黯沉…）

如果唇色本身不红润，直接涂唇膏或唇彩会显得黯沉，特别是使用透明度较好的唇膏时，如果希望显色度更好一些，最好先用唇彩笔打底，可以提高显色度与持妆性。

加这步

用同色系唇彩笔打底

先用与唇膏同色系的唇彩笔涂抹双唇打底，也可以使用质地柔软顺滑的唇线笔。

重叠涂唇膏

在唇彩笔描画的底色上重叠涂抹唇膏，唇膏的显色度会更好，且颜色也更牢固。

加一步：棉棒补妆

（外出就餐，唇妆很快脱落…）

直接在脱妆了的唇部重新涂唇膏会显脏，且脱妆后，残留的膏体卡在唇纹中不易擦除，特别是有颜色的唇膏更易变干，应先用乳液将残留膏体去除后再补妆。

加这步

清理残妆
用棉棒蘸取适量乳液，轻抹双唇除去残留唇膏。

用面巾纸轻轻拭去油分
重新涂抹唇膏。不要使用颜色过浓的唇膏，防止脱妆太明显。

（长时间就餐前加固唇膏…）

涂唇膏后，同面巾纸轻轻放在嘴唇上按压几下，重复2～3次，这样可以吸除唇膏中的油性成分，让颜色更容牢固，即使吃饭时也不会轻易脱落。

加这步

就一步：唇彩！一涂就漂亮

（着急出门时…）

唇彩是液状唇膏，比唇膏光泽度高，比唇蜜着色效果好很多，简单一涂就能完成滋润亮唇。即使着急而马虎一些涂，效果也会很漂亮。

加这步

涂一次即可出门
唇彩的刷头顺畅地沿轮廓涂抹上下唇，唇部中央可以重复涂抹两下。

这就变好气色

颊妆不费力

腮红是为了赋予肌肤透明感、红润感，
确切地说腮红属于底妆的一个环节，
只要打了粉底就需要涂腮红。

没有明显分界线的自然
过渡是重点。

涂腮红并非主体妆容，不难掌握，
但是颜色与涂的位置要考虑周全，
并与希望展现的妆效相协调，
否则一步之差可能就会让整个妆容前功尽弃。

适合生活妆，谁都可以轻易上手的腮红，
只要解开"颜色"、"位置"的绝窍，一点就透
很快打造出健康、年轻的第一印象。

只在必要的局部用光影
粉修饰即可。

MAKEUP POINT

1 腮红基调中，粉红色调不属于自然基色，特别是化裸妆时反而显得不自然，而介于粉色与橘色之间的颜色与肌肤相容性较好。

2 彩度高、明亮的、无珠光或光泽细柔的腮红，更适合熟龄肌肤，才能增加幸福感与肌肤的生命力。

CHEEK COLOR
好气色，随手拈来

透着红润、光泽的肌肤是活力的象征，
但受年龄、自身因素影响，肌肤透明度与光泽感会减弱，
脸颊、唇部需要增加红晕来提升健康印象。
腮红作为底妆的一个环节，要避免突兀的颜色，

选择与自己肤色融合较好、接近自身血色的颜色，

肤色因人而异，血色也同样，
稍用力压指尖时，指尖变红的颜色就是适宜的腮红色，
腮红颜色过深或过浅，肌肤的暗沉、细纹就会被衬得更明显。

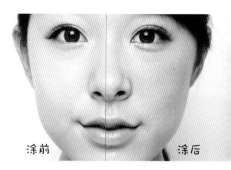

涂前　　　　涂后

腮红涂抹位置与范围

腮红中心点
正视时，瞳孔中央与鼻翼上缘的连线交点，以这个位置为中心晕染腮红。

腮红范围
涂腮红的地方会让人感觉是脸颊，这样一来，如果腮红颜色过于靠近脸部轮廓，看起来脸颊就被横向拉宽，显脸大。同样为了防止显脸颊向下坠，腮红不要扩大至凸显颧骨形状的地方。

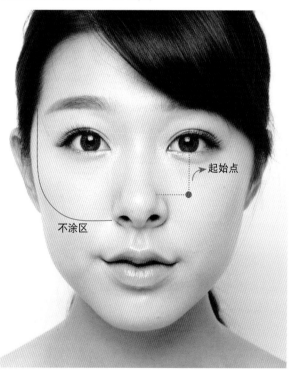

起始点

不涂区

腮红角度

角度大　　　　角度小

纵长椭圆形让脸颊显长；随着角度变小，
横长椭圆形则显得脸颊短。

▌睿智挑色与颊妆，一通百通

腮红并非主体妆，只要解开"颜色"、"位置"等关键之处，就能很快打造出健康、年轻的第一印象，呈现与表情自然融合的血色腮红。

腮红前遮瑕，提亮阴影区

脸部骨骼最高处颧骨的下方，受光线强弱或年龄影响，是易形成阴影的部位。在涂粉底前或后，使用比肤色明亮一点的遮瑕霜，提升颧骨下方凹陷部位的亮度，之后再涂腮红，显色度会更佳。

明亮颜色，一支就好用

腮红与唇妆都是为了增加面容的红润感与活力，年轻肌肤白里透红，可以自由选择喜欢的颜色演绎个性。对于成熟肌肤而言，很多人会习惯性地选择沉稳、彩度低的颜色，如带有灰色的玫瑰色、棕色系等偏暗一些的腮红。其实，偏暗的颜色不仅无法衬托出协调、优雅的肤色，在斑点、细纹上叠加了暗色腮红会使皮肤缺点更显眼，所以，彩度高、明亮的、无珠光或光泽细柔的腮红，更适中地呈现幸福感与肌肤生命力。另外，珠光腮红由于光反射作用，会凸显出肌肤的凹凸不平。腮红不是主体妆容，选购一样一般可以用较长一段时间，通常可以准备明亮的粉色系腮红，既能单独使用，也可以和原先的腮红混色来用，使用率最高。

粉色

珊瑚色

橘色

熟龄肌肤撇开"骨骼约束"

自然型　显色型

30岁后，脸颊开始有阴影，很多人会照旧用大腮红刷沿骨骼涂腮红，或以微笑时颧骨最高点为中心，用大刷子晕染。当涂腮红后感觉不自然时，可以尝试"不考虑骨骼"的画法，一是自然型腮红：选择"融肤度较好的质地与显色"的腮红，从黑眼珠下方，向轮廓方向横向薄涂；二是显色型腮红：以眼部下方凹陷部分为中心，斜向下自然晕开。熟龄肌肤，腮红位置应"使脸部向上收紧"为目的，并以"比以往向上的位置"为中心。

顾及侧面的"三向"涂法，秒收脸颊

只在正面涂圆形腮红，侧面的效果就会减半。但是如果直接横向加宽或涂大圆，就会显得脸颊宽。这时可以借助"三向"涂法，既顾及到侧面，又不会使颜色集中到脸部轮廓附近，同时收敛了轮廓，一举三得。

Cheek

▶ 珊瑚粉色中混合了粉色与橘色，其中增加了红色的分量，带出血色感又与肤色融合度好，能呈现出年轻、健康的印象。

珊瑚粉色渐变腮红　　　珊瑚粉色腮红

How to ↻

使用与肤色融合度较高的浅肉粉色腮红，左右移动刷头蘸粉，使刷毛内侧也能充分着粉。

涂抹前在手背上打圈，消除刷头的多余粉末，使颜色均匀，由于腮红色较浅，不要在面巾纸上擦拭。

黑眼珠下方中心点→太阳穴方向，太阳穴→向耳前侧、耳前侧→脸颊中央，3个方向好似画三角型般。

从太阳穴→耳部前侧移动刷头，这一步起到收敛轮廓的作用。

由耳部前侧→脸颊中央折回刷头，3个方向好似画三角形般。三角形中部稍转动刷头将颜色晕匀。

最后用干净的粉扑，轻轻拍按腮红轮廓处，淡开明显的边界，与周围肤色自然衔接，也可以用手晕淡。

The basic blush makeup
Application 2

CHEEK APPLICATION

立体小脸，唾手可得

"脸显得小"几乎是所有年龄段女性梦寐以求的。
光影粉能最大限度地辅助腮红，打造凹凸有致的面孔。

只需要在适当位置"轻轻掠过"

就能瞬间突出脸庞的立体感与光泽质感。

▎阴影只要一带而过

　　阴影粉可以修饰出凹陷、收缩的小脸视觉效果，只需在阴影区轻薄添加，控制好用量和刷涂范围，避免显脏，方法十分简捷。

阴影区所在位置

阴影区　　　非阴影区

Cheek

▶ 与肌肤契合度较高的米色等光影粉，阴影不会暴露出来而显得夸张。比平时用的粉底深2个色号的粉底修饰脸型也很自然。

哑光修容粉　　　四色光影粉

阴影区范围

使用的阴影粉比脸部粉底深2个色号时，要注意不要涂至左侧图示的非阴影区内，否则会像削掉脸颊一般显得既憔悴又不自然。

NG
OK

阴影不要一气呵成或涂到内侧

一点一点地补足侧影，不要大面积或一下子全部涂满阴影区。下巴从下侧加入阴影时，注意不要涂到脸颊内侧，否则会显得不自然。

三角光影——小脸轻易上手

以眼睛下方、鼻梁、下巴为有效提亮部位，选择与肌肤契合度高的光影粉，涂在脸部形成三角形的高光区域，收紧下巴线条，强调出利落的小脸轮廓。

How to

提亮眼下、鼻梁、下巴，形成三角形的光影区域。注意每个部位都轻轻带过，呈现自然的隐隐光亮。

将光影粉从黑眼球正下方与鼻尖延长线交点，向眼尾方向斜着来回刷两下，纵长提亮眼部下方。

从两眼角连线开始，以轻轻掠过的手法刷到鼻尖部位。用刷头上的余粉边画圈边涂下巴中部，宽度不要超过嘴角。注意长脸型或下巴较突出的人不适合下巴提亮。

钻石光影——减龄只需点到为止

在额头、鼻梁与眼下加入光影，使视线焦点移到脸部的相对中心的位置，弱化了脸周轮廓，提升小脸印象，使脸部整体饱满、立体、更显年轻。

How to

以额头、鼻梁和眼下三角区为提亮点，形成钻石型光影，突出脸部上方的轮廓。

在两眼黑眼球中间的垂直延长线之间的额头处画圈涂光影粉，呈现饱满额头。从两眼角连线开始向下掠过鼻梁提亮。

眼部下方轻薄带过光影粉，宽度不要超过眼角与眼尾。

175

MAKEUP POINT

1 晕染腮红时不要涂抹得过于均匀、大面积平铺，应逐渐向周围淡
开，中间要最红润。想要涂得自然，要"宁缺毋滥"，且不要一次
涂到位，看似快了，实际上很容易形成两块"疙瘩肉"。其实，只
要稍做晕染就能不费力地创造出好气色。

2 基本上，腮红形状越圆，角度越平缓，显得越可爱；越窄，角度越
明显，则显得越成熟。

CHEEK APPLICATION

形色俱佳，幸福感一步之遥

肌肤整体印象会一下子映入他人眼帘，

腮红的颜色、质地、形状左右着第一印象，

但只要稍加改变印象就会变得不同。

（膏状腮红）

（粉状腮红）

❙ 双椭圆与珊瑚色——两步创造自然印象

颜色薄一些的浅珊瑚色腮红，不要一次就涂到位，用由内向外淡开层次的手法，宽一些画椭圆形，创造出弧度自然纵长的颊妆。

椭圆与珊瑚色

How to ✐

选择浓淡渐变效果的腮红，融合后会产生更自然的妆效。用刷头画圈均匀蘸粉，调和深浅区域的颜色。

涂腮红前，先将刷头在面巾纸或手背上轻轻转动几圈，调整用量。

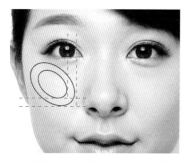

"小椭圆"从黑眼珠正下方与鼻翼上缘连线开始。晕开后的"大椭圆范围"从黑眼珠内侧与鼻翼、耳下连线交点开始。

在黑眼珠正下方，先小幅度移动刷头，斜向画小椭圆形腮红。

沿小椭圆的外侧，移动刷头画大椭圆形腮红，将颜色向周围晕开，长度不要超过太多眼睛的长度。

▎横宽的橘色——健康感一跃眼前

从眼部下方平行横向晕染，并向鼻尖一带而过，给人健康印象。横向腮红容易将脸颊往左右拉伸，因此比较适合长脸型的人。

How to

以颧骨最高处为起始点（晕开腮红的中心点），在黑眼珠下方横向加入腮红，并向鼻尖带过。

横向移动刷头，先从外侧向黑眼球下方横涂，再向外侧晕开，之后用刷头上的余粉向鼻尖带过。

▎点圆的粉色腮红膏——用手指简便涂

膏状腮红油脂含量高，显色度和持久度好，只要用手指点涂后晕开就能打造通透的血色感，但油性质地易暴露瑕疵，较适合肤质好的人使用。

How to

以颧骨最高处为起始点（晕开腮红的中心点），点涂上腮红后画小圆淡开。

用指腹涂膏状腮红就可以。膏状腮红在粉底与蜜粉前涂抹，可以使显色度更自然。

点涂膏状腮红后，用指腹边像画小圆一般边轻轻拍按边将颜色向周围自然晕开。

变下顺序，避免喧宾夺主

以想要重点展现妆效的部位作为"主体"开始化起，
其余部分根据与"主体"的平衡为基准，适当加减，调整画法。
妆容主次分明，就能避免妆效偏浓。
轻重缓急下，也可以适当缩短上妆时间。
如想凸显眼部轮廓，唇妆应适当减淡，眉部要修整洁，更好地衬托眼形。
想强调唇部色泽，眉毛只需补足稀疏处，眼妆适当减淡。

（提至第一步）

唇妆为"主体"最先画

▲ 不画唇线，直接涂红色唇膏，集中涂在唇部中央，轮廓处不涂。

▲ 用指腹将中央的唇膏向外侧淡开，形成内深外浅自然渐变的状态。

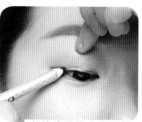

自然感眼妆突出唇部

▲ 用深灰色眼线笔描画内眼线。与红色互补的深灰色或棕色自然强调轮廓，不显生硬。

腮红色要融于肤色

▲ 腮红可以不涂，如果需要提升红润感，使用与肌肤契合度高的颜色轻薄晕开，到隐约可以看到的程度即可。

只补足绒毛感

▲ 唇色鲜艳，眉部只需用不含红色的眉笔补足稀疏部位即可。眉形短一些且保持一定粗度，才能与红唇协调。

【后记】

　　彩妆书普遍侧重潮流下的高级妆容技艺，然而对于没有系统学过化妆或每天早九晚五的人，大部分只能用来欣赏，真的照着画也许无法走出门。很多人习惯在线学化妆，然而杂乱的网络资讯，花费大量精力却往往收益甚少，甚至误学误用，导致皮肤老化。虽然里面不乏优秀彩妆博主或化妆界名流，但是其中很多手法更适合一些特别专业的场合或偏个人喜好，虽博眼球但却脱离生活。而绝大多数光鲜亮丽的明星照背后，隐含的是多年化妆经验的专业彩妆老师们的精心塑造，或挥金如土的化妆品堆砌下的效果。

　　草率追求潮妆，往往化了彩妆还不如不画好看。其实，尝试新鲜不等于一下子不切合实际，这就像去剪发，很多发型师受到高端培训的影响，总希望你能尝试一个可能并不适合、却很时髦的发式，结果却让你和身边的人都吓一大跳，费钱又费事不说，那真的适合你，能接受吗？

　　一本书的有限空间很少，为了能有方向性的介绍化妆，很多内容无法一次收录进书中，但是一本"接地气"的图书完全可以带给读者更明确、更实用的建议。本书的制作团队从2001年开始到2015年的近10年多，致力于如何让初学者轻松学会化妆的基础知识，如何在适合自己、修饰不足、完美妆容的前提下，循序渐进地掌握各种时尚妆容的技艺，力求让所有女性变得更美，从新手变成高手，让化妆变得更简单。